福建省“十四五”职业教育省级规划教材
数字媒体技术应用专业创新型系列教材

Animate 二维动画制作

主　编　黄培忠　沈剑祥

副主编　吴　辕　吴圳鑫

参　编　李婕妤　许澎辉　邵文轩
　　　　郑于珊　洪雅婷　江荣铃

科学出版社
龍門書局
北　京

内 容 简 介

本书作者以 Adobe Animate CC 2019 中文版为主要工具软件，就动画制作工作岗位的典型需求，将本书内容分为 7 个项目 25 个任务，主要讲解动画片制作流程，包括初识二维动画制作软件 Animate CC、动画剧本创作、动画分镜头脚本制作、角色造型设计与制作、场景设计与制作、动态设计与制作和后期制作。本书通过完成两部动画片——《神奇小侠》和《不一样的闹剧》的制作，以“项目-任务”的教学方式让学生掌握二维动画的设计及制作技巧，使学生满足职业能力要求。

本书适合作为中等职业学校数字媒体技术应用、动漫与游戏制作等相关专业的教材，也可作为相关从业人员的自学参考书。

图书在版编目（CIP）数据

Animate 二维动画制作 / 黄培忠，沈剑祥主编. —北京：龙门书局，2022.8
（福建省“十四五”职业教育省级规划教材·数字媒体技术应用专业创新型系列教材）

ISBN 978-7-5088-6068-8

Ⅰ. ①A… Ⅱ. ①黄… ②沈… Ⅲ. ①动画制作软件－职业教育－教材 Ⅳ. ①TP391.414

中国版本图书馆 CIP 数据核字（2022）第 123314 号

责任编辑：陈砺川 赵玉莲 / 责任校对：赵丽杰
责任印制：吕春珉 / 封面设计：东方人华平面设计部

科学出版社
龍門書局 出版
北京东黄城根北街 16 号
邮政编码：100717
http://www.sciencep.com

北京九州迅驰传媒文化有限公司印刷
科学出版社发行 各地新华书店经销
*
2022 年 8 月第 一 版 开本：787×1092 1/16
2024 年 8 月第二次印刷 印张：15 1/4
字数：361 000

定价：48.00 元

（如有印装质量问题，我社负责调换）
销售部电话 010-62136230 编辑部电话 010-62135397-1028

前言

PREFACE

2019年2月，国务院发布《国家职业教育改革实施方案》，首次明确了职业教育作为类型教育的新论断，要求职业教育由“参照普通教育办学模式向企业社会参与、专业特色鲜明的类型教育转变”。作为开展教育教学活动、传播知识的主要载体以及教师教学、学生学习的重要工具，职业院校教材也必然面临着须强化职业教育特征、适应新时代经济社会及职业教育发展需求的新挑战。为了响应职业教育改革需要，本书作者将职业岗位群的工作技能要求转化为在院校中使用的专业培养教学项目，以任务引领型的一体化情境教学方式取代传统的理论与实训分离的课堂教学方式，让学生能够更好地了解二维动画制作的基本流程，并掌握以 Adobe Animate CC 为主要制作软件的动画制作方法，最终能够独立制作出一部动画片，或者能够适应市场的需求，承担起动画制作中一些重要岗位的工作。

本书主要以两部动画片——《神奇小侠》和《不一样的闹剧》为例贯穿全书，故事结构简单，主题积极明确，制作难度适中。书中每个项目通过若干个工作任务来完成整体的教学目标，每个任务通过实例图片对制作步骤和过程进行详尽的讲解，在讲解实例之前都有相应知识点的详细介绍，内容由浅入深、循序渐进，有效地起到了指导案例制作的作用。

全书主要分为初识二维动画制作软件 Animate CC、动画剧本创作、动画分镜头脚本制作、角色造型设计与制作、场景设计与制作、动态设计与制作、后期制作7个项目。每个项目内容都以职业标准为依据，以职业技能为核心，以职业活动为导向，以项目任务为载体，以提高从业人员的核心技能、核心素质为目标。

本书在教学方法上主要采取实例教学为主、理论为辅，重点培养学生动手制作的能力。书中强调的动画制作技能与实际动画公司的要求一致，学生在学习过程中能够熟悉并适应动画公司工作方式，为今后独立制作动画片或者应聘动画制作工作岗位奠定基础。

本书建议参考教学课时为102课时，各项目参考课时分配如下。

项目序号	课程内容	合计（课时）	讲授（课时）	技能训练（课时）
1	初识二维动画制作软件 Animate CC	6	2	4
2	动画剧本创作	6	4	2
3	动画分镜头脚本制作	12	3	9
4	角色造型设计与制作	18	6	12
5	场景设计与制作	18	6	12
6	动态设计与制作	36	12	24
7	后期制作	6	2	4
总计		102	35	67

本书由黄培忠、沈剑祥任主编，吴辕、吴圳鑫任副主编，李婕妤、许澎辉、邵文轩、郑于珊、洪雅婷、江荣铃参与编写。项目 1～项目 3 由黄培忠编写，项目 4 由沈剑祥编写，项目 5 由吴辕编写，项目 6 的任务 1～任务 5 分别由李婕妤、许澎辉、邵文轩、郑于珊、洪雅婷编写，任务 6 和任务 7 由江荣铃编写；项目 7 由吴圳鑫编写。全书由黄培忠统稿。

由于作者水平有限，书中难免有不足之处，恳请广大读者批评指正。

编　者

2022 年 2 月

目录

CONTENTS

项目 1

初识二维动画制作软件 Animate CC

Animate CC 是美国 Adobe 公司出品的一款专业动画制作软件。这款动画制作软件具有操作简单、易上手、占用空间小、动画源文件易于保存、画面清晰度高等特点，因此广泛应用于网页设计、广告设计、游戏制作、动画影片、多媒体教学等诸多领域，是国内二维动画制作最常用的软件之一，也是本书的主要应用软件。通过对本项目的学习，读者可以快速了解这款软件，为接下来的软件应用做好铺垫。

学习目标

- 了解 Animate CC 的发展历史和应用领域。
- 了解 Animate CC 的基本操作界面和五大功能模块。

素养目标

- 培养学生小组合作、自主探究的能力。
- 培养学生自我激励、自我展示、勇于尝试的精神。
- 培养学生工作的责任心和社会责任感。

任务 1.1　Animate CC 的发展历史和应用领域

任务介绍

通过介绍 Animate CC 的发展历史和应用领域，加深读者对这款软件的认识，从而提升学习这款软件的兴趣。

相关知识

1. Animate CC 的发展历史

Animate CC 是由 Adobe Flash Professional CC 升级更名而来。Flash 最初是 Macromedia 公司推出的多媒体软件里的一个小插件，用于制作小动画，可让图形简单动起来，后来独立为一个单独的软件。2005 年 Flash 被 Adobe 公司收购，同年 Adobe 公司推出了 Flash CS3（图 1.1.1），在 Flash 基础上增加了全新的功能，包括对 Photoshop 和 Illustrator 文件的支持以及复制、移动功能，使这款软件越来越先进、功能越来越强大，在全球范围的动画和游戏领域中被广泛使用。2015 年 12 月 2 日，Adobe 公司宣布 Flash Professional CC（图 1.1.2）更名为 Animate CC，并在 2016 年 1 月发布新版本的时候正式更名为 Adobe Animate CC（缩写为 An）（图 1.1.3），同时增加了大量的新功能。

Animate CC 的发展历史

图 1.1.1　Flash CS3 版本

图 1.1.2　Flash Professional CC 版本

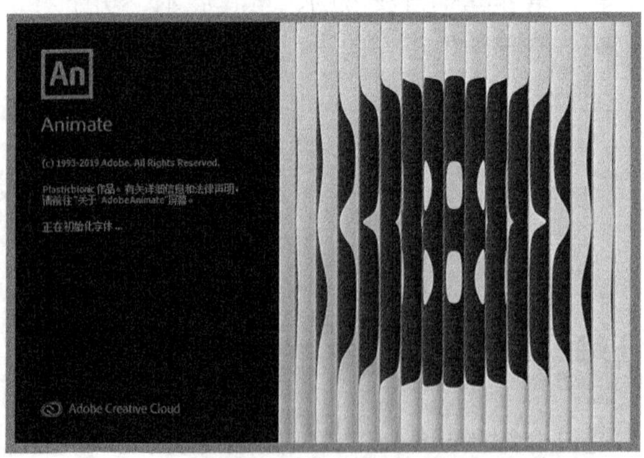

图 1.1.3　Animate CC 版本

Animate CC 除了维持原有 Flash 开发工具支持外，还新增了 HTML5 创作工具，为网页开发者提供了更适用于现有网页应用的音频、图片、视频、动画等创作支持。

Animate CC 2019 正式版本拥有大量的新功能，特别是在继续支持 Flash SWF、AIR 格式的同时，还可支持 HTML5 Canvas、WebGL，并能通过可扩展架构支持包括 SVG 在内的多数动画格式。

2. Animate CC 的应用领域

Animate CC 的应用领域

随着互联网和 Animate CC 的发展，Animate CC 软件的应用越来越广泛，如网页设计、广告设计、游戏制作、动画片、多媒体教学等领域。Animate CC 可以将动画发布到多种平台，也能够在移动设备、电视、计算机等多个端口进行浏览。下面分别介绍 Animate CC 在各个领域的应用。

（1）网页设计

为达到一定的视觉冲击力，很多企业网站往往在进入主页前播放一段使用 Animate CC 制作的引导页。此外，很多网页的标识和横幅都使用 Animate CC 添加动画效果（图 1.1.4）。当需要制作一些交互功能较强的网站时，使用 Animate CC 制作，可使互动性更强。

图 1.1.4　网页横幅设计

（2）广告设计

进入 21 世纪以后，网络广告以其覆盖面广、方式灵活、互动性强的特点，成为主流的传播模式。由于 Animate CC 制作的网络广告数据量小、传输速度快，因此成为很多网络广告开发者的首选，如图 1.1.5 和图 1.1.6 所示。

（3）游戏制作

Animate CC 以其出色的交互功能加之优良的动画能力，在游戏制作中占据一席之地。使用 Animate CC 制作的游戏（图 1.1.7）种类丰富、互动性强、操作便捷，并且制作导出的文件占用空间少。

图 1.1.5　网络产品广告

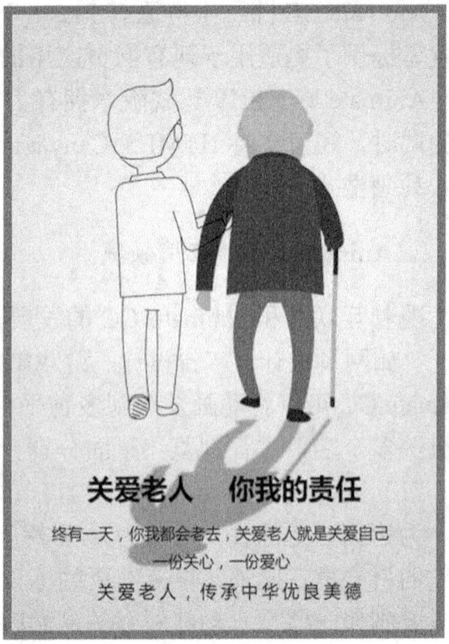

图 1.1.6　网络公益广告

图 1.1.7　使用 Animate 制作的小游戏

（4）动画片

Animate CC 是各种类型动画片的主要制作软件，可以为大众呈现大量精美的动画作品。例如，晋江华侨职业中专学校与厦门大拇哥动漫股份有限公司开发的原创动画片《神奇小侠》（图 1.1.8）和《不一样的闹剧》（图 1.1.9），都是采用 Animate CC 的动画制作技术实现的。

（5）多媒体教学

Animate CC 在多媒体教学中也大放异彩，在课件的制作中广泛使用。这款软件可以把文字、图形、图像、声音、动画等多种媒体素材进行集成，使它们融为一体，并赋予它们丰富的交互特性，从而制作出各种各样的多媒体教学产品（图 1.1.10）。

图 1.1.8　《神奇小侠》

图 1.1.9　《不一样的闹剧》

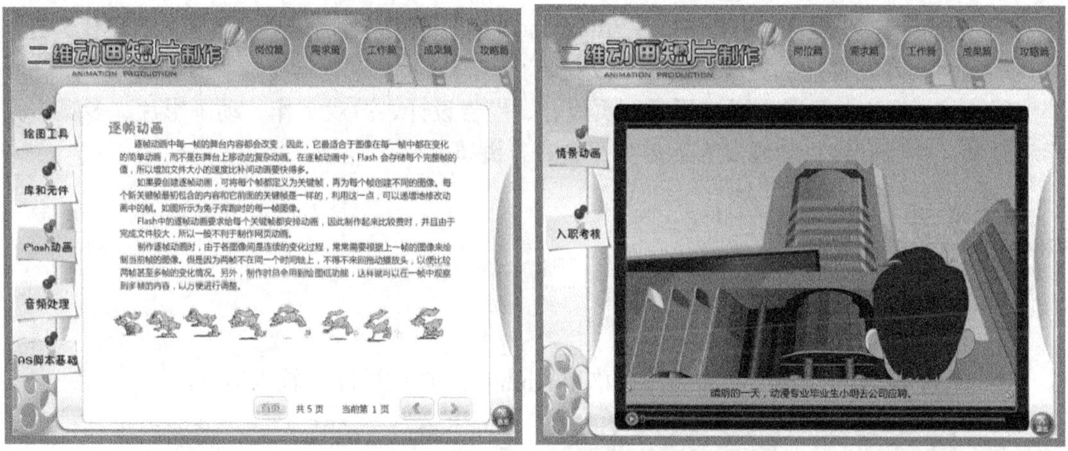

图 1.1.10　用 Animate CC 制作的课件

任务分析

实训目的：了解 Animate CC 的发展历史，掌握 Animate CC 的应用领域范围。

操作要求：观看动画片《神奇小侠》和《不一样的闹剧》，体会 Animate CC 软件制作的动画效果。

技能点拨：上网搜索实训目的所需的资料以及动画播放的环境要求。

任务实施

1）上网搜索相关资料并整理。

2）观看动画片《神奇小侠》和《不一样的闹剧》后，不仅可以从中体会 Animate CC 软件的功能，而且可以激发学生的好奇心，通过寓教于乐的方式完成对本任务的学习。

知识拓展

2021 年 12 月版 Animate（版本 22.0.2）的新增功能。

- 现代绑定：现代绑定是快速设置索具的新方法，使用“资源变形”工具、旋转骨骼或变形关节以创建姿势并应用传统补间，以自动创建中间帧以形成平滑的动画。
- 增强父子关系：父子关系中不仅可以进行传播平移和旋转，还可以传播缩放、倾斜、翻转变换。

任务小结

通过本任务的学习，归纳总结如下。

① Animate CC 是由 Adobe Flash Professional CC 升级更名而来，并新增了 HTML5 创作工具，为网页开发者提供更广泛的创作支持。

② Animate CC 可以广泛应用于网页设计、广告设计、游戏制作、动画影片、多媒体教学等领域，并且支持将动画发布到多种平台进行浏览。

课后练习

1. 选择题

图 1.1.11 所示的（　　）动画片风格用 Animate CC 软件制作较为适合。

A. 英国动画片《小羊肖恩》

B. 美国动画片《功夫熊猫》

C. 日本动画片《你的名字》

D. 美国动画片《辛普森一家》

图 1.1.11　各种风格的动画

2. 问答题

① Adobe Animate CC 的简称是什么？

② 请说出至少 4 个 Adobe Animate CC 的应用领域。

任务 1.2　Animate CC 的基本操作界面与功能模块

任务介绍

本任务在任务 1.1 对 Animate CC 软件认识的基础上，进一步熟悉其基本操作界面与功能模块，以加深对这款软件的学习，掌握 Animate CC 动画制作的一些基本步骤和设置方法。

相关知识

1. 基本操作界面介绍

Animate CC 的基本操作界面

Animate CC 的基本操作界面分为五大功能模块，分别是菜单栏、工具栏、舞台区域、时间轴和属性面板，如图 1.2.1 所示。在动画制作中每个模块都有各自的作用。

图 1.2.1　Animate CC 的基本操作界面

1）菜单栏：包括各种应用程序命令、工作区切换器、菜单和其他应用程序控件。

2）工具栏：包含用于创建和编辑图像、图稿、页面元素等工具。

3）舞台区域：预览工程效果，根据舞台呈现的效果去调试动画。

4）时间轴：用于组织和控制在一定时间内图层和帧中的文档内容，主要组件是图层、帧和播放头；时间轴可以显示文档中有无动画操作痕迹，包括逐帧动画、补间动画和运动路径；使用时间轴图层部分的控件可以隐藏、显示、锁定或解锁图层。

5）属性面板：查看或修改当前选中图层的形态与属性。

2. 元件的分类

元件是 Animate CC 中的动画组件，包含影片剪辑元件、按钮元件、图形元件。双击矢量图形并按 F8 键或者右击图形，在弹出的菜单栏中选择“转换为元件”命令，可打开“转换为元件”对话框，如图 1.2.2 所示。

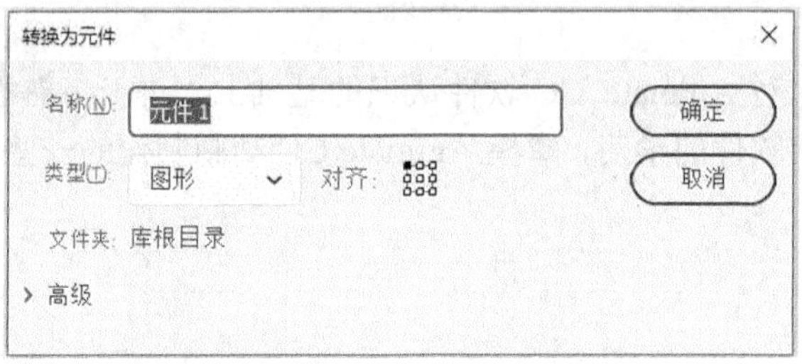

图 1.2.2　“转换为元件”对话框

1）影片剪辑元件：电影中的小电影，可以独立于主场景时间轴进行重复播放。

2）按钮元件：只有 4 帧的影片剪辑，通过舞台上的按钮添加动作语句可以实现影片交互。

3）图形元件：可以重复使用的静态图片，或连接到主影片的可重复播放的动画片段。

任务分析

实训目的：了解 Animate CC 基本操作界面及五大功能模块。

操作要求：安装并熟悉 Animate CC 的基本界面，知道如何运用五大功能模块制作动画，并制作简单的圆形运动小动画。

技能点拨：软件解压后，右击，以管理员身份来运行安装。

任务实施

1）新建工程文件，在平台类型中选择 ActionScript 3.0，如图 1.2.3 所示。

选择这个类型的目的是在制作动画后能够直接使用 SWF 文件进行预览和调试。如果选择了 HTML5 Canvas，那么预览和调试时会弹出浏览器来进行这些操作，相对来说比较复杂，且这个类型本身是通过 Canvas 加以实现的，难免会有些卡顿。ActionScript 3.0 导出后只有一个 SWF 文件，可使操作简单、轻便、流畅，并且与浏览器完美兼容。因此在动画项目制作中首选 ActionScript 3.0。

图 1.2.3　新建工程文件

2）选择工作栏中的椭圆工具，在舞台上创建一个矢量图形，如图 1.2.4 所示。

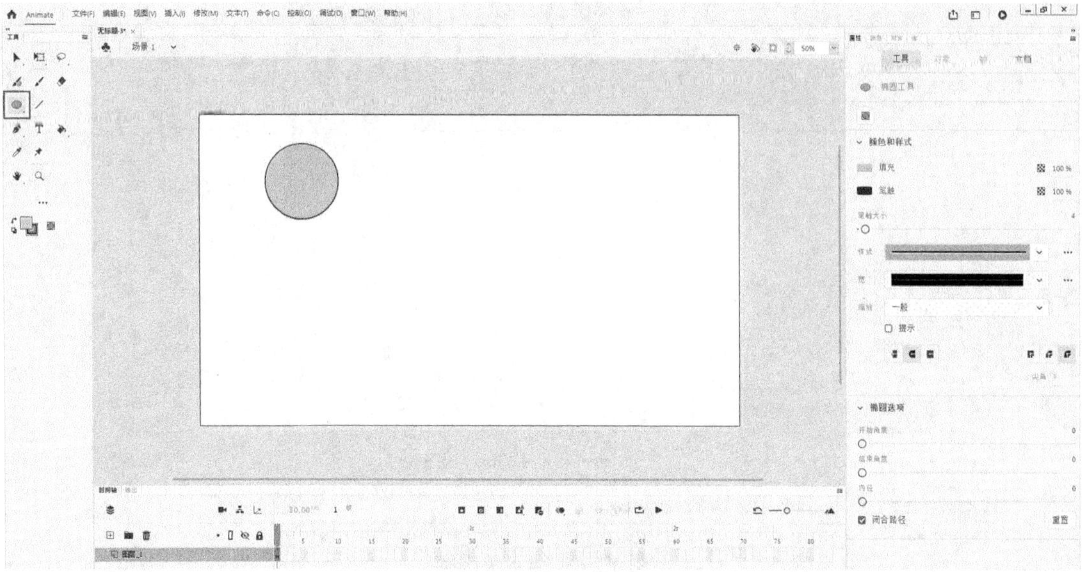

图 1.2.4　创建矢量图形

3）双击矢量图形并按 F8 键或者右击图形，在弹出的菜单栏中选择“转换为元件”命令，打开如图 1.2.5 所示的“转换为元件”对话框。

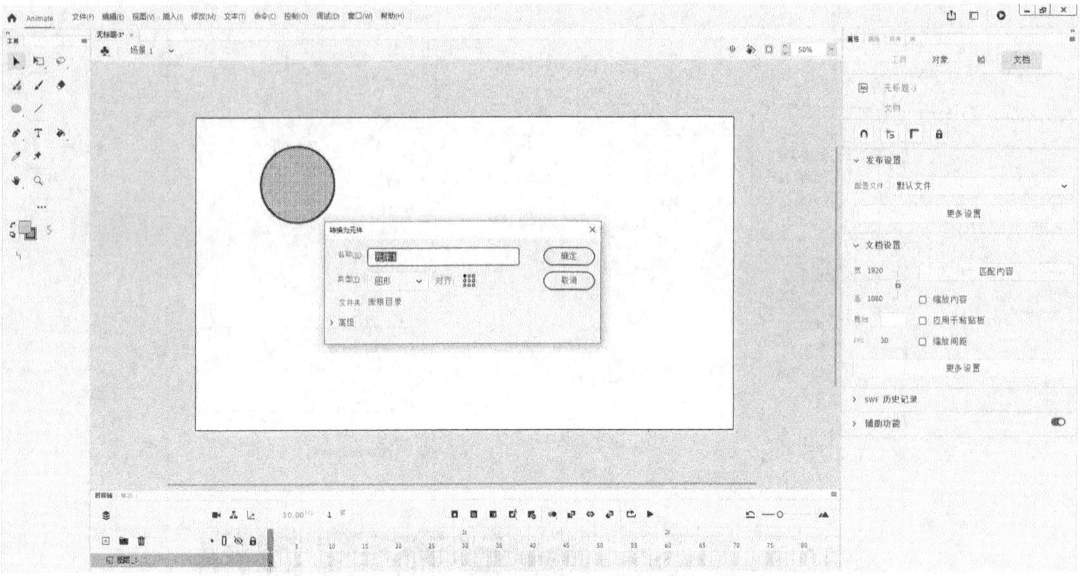

图 1.2.5　转换为元件

4）在第 30 帧处插入关键帧，按 F6 键或右击选择菜单栏中的“插入关键帧”命令，插入完成后如图 1.2.6 所示。

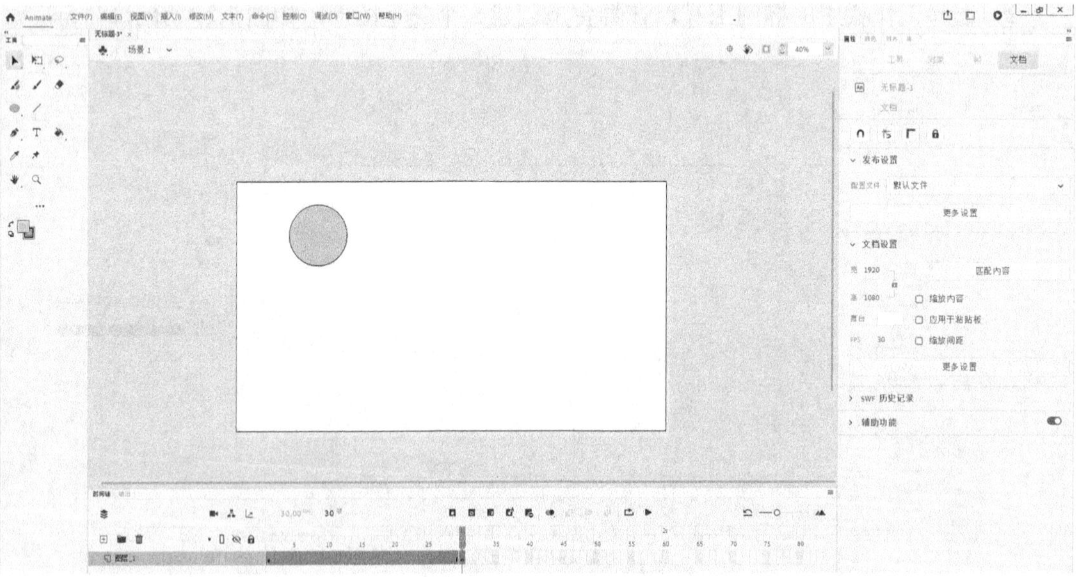

图 1.2.6　插入关键帧

5）拖动第 30 帧的元件，使其与第 1 帧的位置不同，如图 1.2.7 所示。

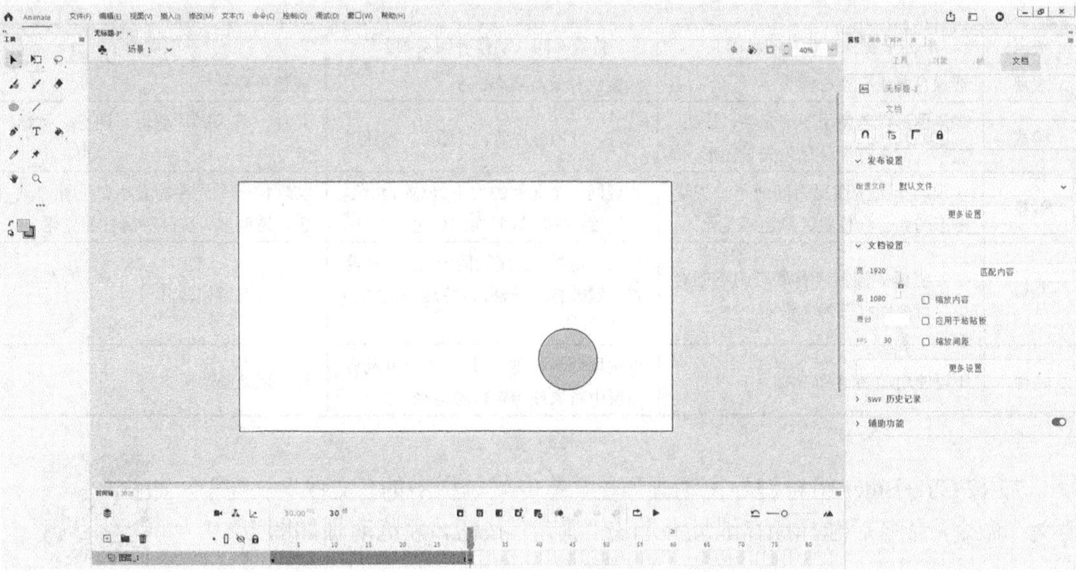

图 1.2.7　拖动元件

6）选中两个关键帧中间的任意一帧，右击选择菜单栏中的“创建传统补间”命令，创建补间动画如图 1.2.8 所示。

关于补间动画，不同的动画类型有不同的效果和要求，具体见表 1.2.1。

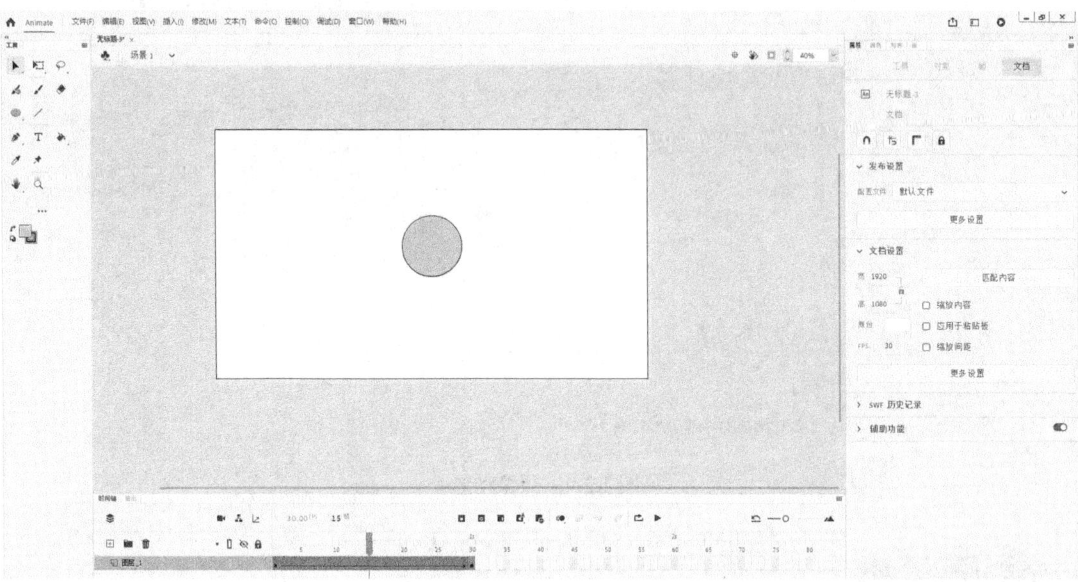

图 1.2.8　创建补间动画

表 1.2.1　不同动画类型的比较

类型	补间形状（形状补间动画）	传统补间（动作补间动画）	补间动画
表现	淡绿色背景有实心箭头	淡紫色背景有实心箭头	淡蓝色背景
组成	矢量图形，若使用图形元件、按钮、文字，需先打散转化为矢量图形	元件，可为影片剪辑、图形、按钮等	元件，可为影片剪辑、图形、按钮等
效果	实现两个矢量图形之间或单一矢量图形的大小、位置、颜色等变化	实现同一个元件的大小、位置、颜色、透明度、旋转等属性的变化	实现同一个元件的大小、位置、颜色、透明度、旋转等属性的变化
关键帧	插入空白关键帧，首尾可为不同对象，可分别打散为矢量图	插入关键帧，首尾为同一对象。先将首关键帧转为元件，再将尾关键帧转为元件	只需首关键帧即可
特性	不可使用动画滤镜	可实现动画滤镜，实现传统补间动画图层中对象按指定轨迹运动	可实现动画滤镜

7）按 Ctrl+Enter 组合键导出动画预览，单击菜单栏中的“文件”→“另存为”命令，命名后选择保存地址并单击“确定”按钮。预览动画如图 1.2.9 所示。

不同动画类型的比较

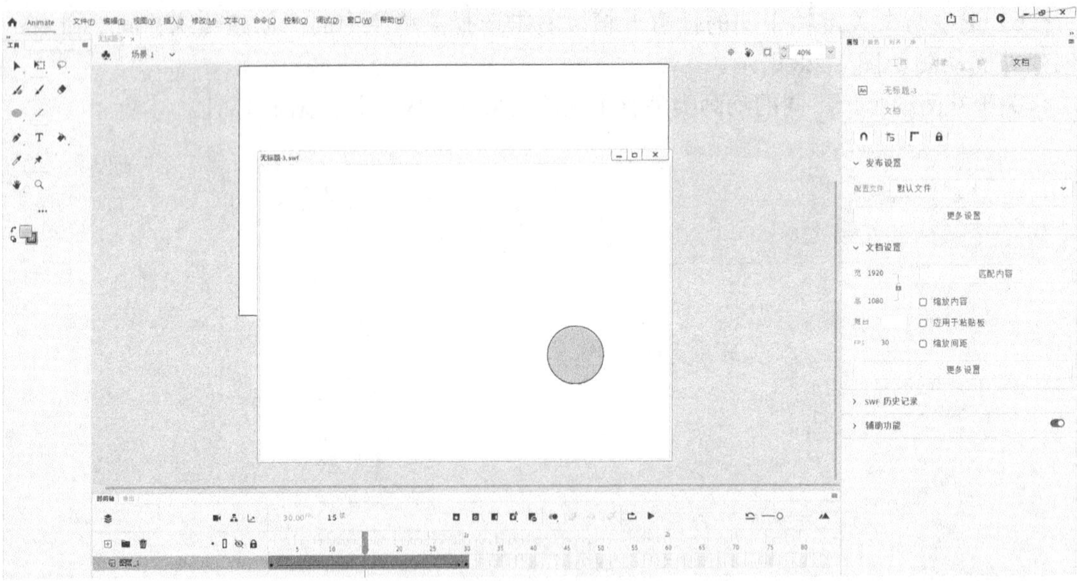

图 1.2.9　预览动画

技能提示

- 插入关键帧快捷键是 F6。
- 编辑元件时要双击目标。

知识拓展

在早期的Animate CC动画设计中，设计师们迫切需要一种脚本语言控制动画元素，将更丰富的样式和动作呈献给用户，或实现动画与用户的交互等。因此，Macromedia公司根据JavaScript和ECMAScript等语言，为Flash 2.0开发了一种简单的脚本语言，即ActionScript。

任务小结

通过本任务的学习，归纳总结如下。

① Animate CC的操作界面分为不同的区域，有着不同的功能；元件可分为影片剪辑元件、图形元件、按钮元件，各自有着不同的应用场景和属性。

② 本任务是一个简单的矢量图形平移动画制作，使用关键帧及创建传统补间命令可以迅速完成。

课后练习

1. 问答题

① 创建补间动画和创建补间形状的区别有哪些？

② 做物体消失的动画应该插入哪种帧？

2. 实践题

根据学到的知识，在Animate CC中做出三角形从上到下的运动动画。要求如下。

① 时长控制在50帧内。

② 动画效果流畅，无卡顿。

项目 2

动画剧本创作

剧本就是一剧之本的意思，对于动画片来讲是创作的文本基础，一部好的动画片首先要有好的剧本。动画剧本源于影视剧本创作，但是动画的独特性决定了动画剧本创作和电影剧本创作有很多不同。想要创作出优秀的动画剧本，必须了解动画剧本特有的创作规律。本项目以动画片《神奇小侠》为例来介绍动画剧本是如何创作的。

学习目标

- 掌握动画剧本的写作特征。
- 掌握剧本的构架。
- 学习如何塑造有性格的人物。

素养目标

- 培养学生小组合作、自主探究的能力。
- 培养学生自我激励、自我展示、勇于尝试的精神。
- 通过创作动画剧本，树立学生正确的价值观与人生观。

任务 2.1 剧 本 设 计

任务介绍

在本任务中，通过分析动画片《神奇小侠》的剧本来了解动画剧本的创作思路及设计方法。

相关知识

1. 动画剧本的概念

动画剧本是影视剧本中的一种，功能在于构造故事细节，确定剧中人物的性格及故事的发展走向。动画剧本需要在创作过程中融入动画特色，为动画项目提供可操作的故事内容和结构。

动画剧本的概念和要素

2. 动画剧本的要素

动画剧本包括角色、目的和结果三大要素。剧本写作的所有剧情都是围绕故事里的主人公展开的，这样才会形成一个接一个的情节，才会产生剧本。简单来说，这个公式就是角色为了某些原因要达成某些目的而做的一些事，从而达成最后的结果。例如，厦门大拇哥动漫股份有限公司开发的动画片《床母》（图 2.1.1），讲述了主角床母保护小男孩平安长大的故事。

图 2.1.1 动画片《床母》

3. 动画剧本创作技法

动画剧本创作技法

（1）剧本构造

剧本结构构架按照“开端→发展→高潮→结局”的框架来讲故事，围绕一个相对集中的故事重心展开，一般是某个矛盾或者是事件。创作过程需要简化主线索，明确剧情的中心，在剧情中深度发掘和构造故事细节。

动画剧本创作中有一种常用的技巧即制作剧情起伏线，目的是让编剧能够直观地掌握剧情的结构变化，以便于编写剧本。例如，动画片《换梁》剧情起伏线刻画了一段完整的故事，如图 2.1.2 所示。图中标注的每个点都是一个情节点，可以很直观地看到这一段剧情的开端、发展、高潮和结局，并能够根据每一个点的高低和每一条线段的缓陡来判断剧情点的强度。剧情起伏线便于在以后补充和细化剧情。

（2）角色塑造

动画角色和其他影视作品中人物的区别在于：它以类型化的手法塑造角色性格，赋予角色纯粹的个性。剧本中塑造角色性格有以下 3 种方式。

① 在语言和行动描写中突出角色个性。

② 在生动的细节描写中突出角色个性。

③ 在鲜明的对比描写中突出角色个性。

动画角色就是动画片最好的商标，像动画片《哆啦 A 梦》（图 2.1.3）这样经典的类型化角色能够跨越漫长的时间与不同的文化背景，被不同年代的广大观众所接受。

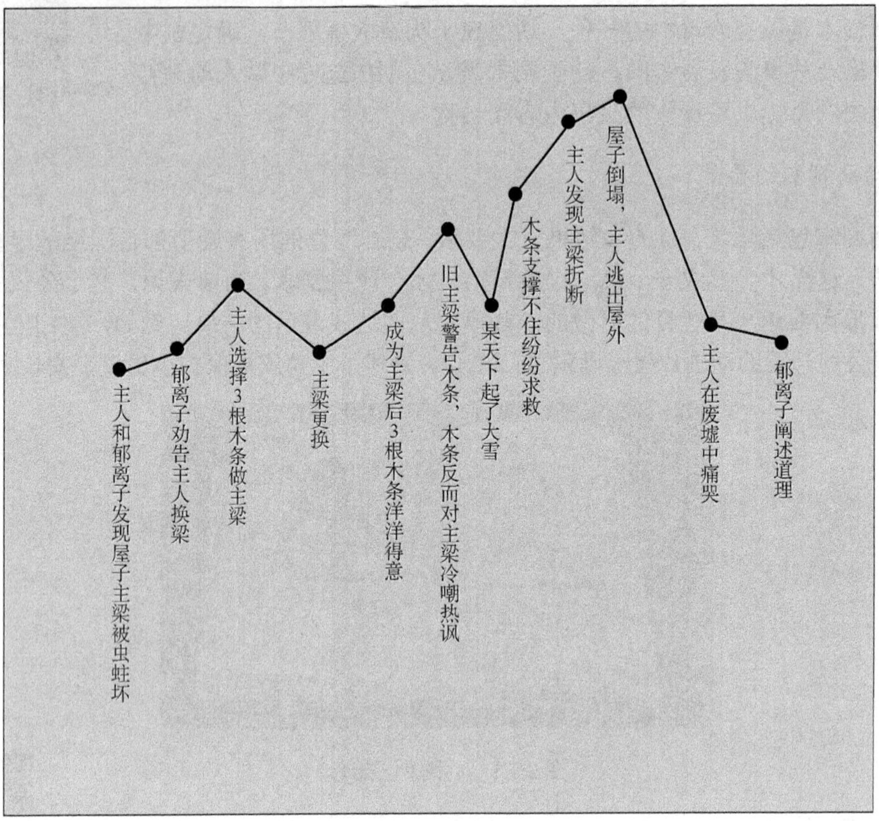

图 2.1.2　动画片《换梁》剧情起伏线

图 2.1.3　日本动画片《哆啦 A 梦》

任务分析

实训目的：通过创作一部动画剧本，掌握剧本写作思路和角色塑造技巧。
操作要求：故事幽默风趣，情节完整，角色性格鲜明。
技能点拨：给故事赋予一个精彩的高潮是吸引人眼球的好方法。

任务实施

1. 全篇阅读动画片《神奇小侠》的剧本

《神奇小侠》剧本

场景一：森林 日 外

（连续闪回）乌云密布，下着雨的山洞。
洞口呆愣愣的穆童（全、微仰）。
洞中一只白虎慢慢走出，走到近前转身变成猫一样的小兽（全）。
穆童（特）："卡卡！"
小兽转身向洞内跑去。
穆童急着伸出手（中）："卡卡，你别跑！"

场景二：帐篷 夜 内（背景叠化，镜头顺时针转 90°）

穆童闭着眼睛，挥舞着双手："卡卡，你别跑！"
他突然醒来坐起："唉！又做了那个奇怪的梦。"（拉全）
突然帐篷外一道亮光闪过（穆童侧面，惊到，转头）。
穆童翻身爬了起来，猫着腰掀开了帐篷的一角。
帐篷周围是耸立着的一个个小帐篷，天上繁星闪烁。
不远处一道蓝光向树林中飞去，穆童眼睛一亮。
随后蹑手蹑脚地钻出帐篷半个身子。

场景三：森林 夜 外

幽静的森林里，虫鸣声悦耳，白月光洒在树的叶子和小路上。
穆童沿着光飞去的方向向前走去。（S形向心场景）
不远处是隐隐约约的山尖。（三角构图场景）
（斜下摇）一个漆黑的山洞洞口就在前方。
穆童掏出了手电筒，朝着山洞走去。
穆童侧身向山洞内张望。
白虎突然跳出，穆童惊叫："啊！"

白虎一双绿色的眼睛，距离穆童越来越近。

穆童："卡卡！是卡卡吗？"

白虎卡卡朝着山洞深处跑去，穆童紧跟在后。

场景四：山洞　夜　内（光影表现）

穆童跟着白虎朝前走："你要带我去哪儿啊？"

一道道微弱的光从穆童的眼前一晃而过，穆童眨眨眼。光线流动，穆童觉得自己仿佛置身于一个奇幻的世界。

越走越亮，穆童关掉了手电筒。

来到光源处，穆童抬头看着眼前的奇观，张大嘴巴说不出一个字："……"（场景描写：淡紫色的水晶墙出现在穆童面前。梦幻的墙壁仿佛有自己的生命一样，如湖水般轻柔地浮动着。）

白虎的尾巴扫过穆童的脚背。

穆童低头："你就是要我来看这个？"

白虎不理会穆童，并迅速纵身跃入水晶墙。穆童下意识伸手："等等，你又要去哪里？"

白虎的身影湮没至镜中。穆童急忙上前用手轻轻抚摸着水晶墙，感受水晶墙柔和地浮动。

水晶墙颜色慢慢变淡。

墙里像播放幻灯片似的出现了一张张将士的脸，有刚毅的，有年轻的，也有几个跟自己差不多的半大小孩儿穿着盔甲，他们手里都拿着长枪。随后，视线出现在一个大宅院的上空，"天波府"三个字显现出来。

穆童大叫："这是杨家将！"

穆童使劲摇晃着头："这不会是我的幻觉吧？"

墙里突然有一只大手伸了出来，五个手指像一张大网，穆童的整个身体都被笼罩在了里面。

穆童大叫一声："啊！救命啊！"

大手将穆童抓起，并渐渐地收缩到了墙里，穆童在空中不停地踢着腿，头部已经融入水晶墙。

水晶墙消失不见了，洞里一片寂静，一个熄灭的手电筒落在地上。

场景五：虚幻世界　日　内

风"呼呼"地在穆童耳边吹过。

这是一个金黄色的世界，周围的空气和水晶墙一样在缓缓地流动。

穆童轻飘飘地飘浮着，他胆怯的脸上滚着汗，下意识地扭动着四肢，白虎在他身边变成了猫一样的小兽。

突然一阵晃动。

穆童的身体开始了剧烈旋转："啊！"

穆童的身体像一团旋风越转越快，向画面深处转去。（强光白屏）

场景六：田野　日　外

阳光从一棵大树缝隙中照出来（长镜头从仰视摇到俯视），穆童躺在树下，卡卡趴在他身边，草地上有蝴蝶在飞。

穆童的一双眼睛在炫目的阳光中缓缓睁开。

他站起来，无目的地往前走，卡卡跟在身后。

穆童自言自语："卡卡，这是哪里啊？"（水平场景分层）

树林里，沙沙的风声传来，树叶飘落了几片，接着有很多小鸟突然从林子里窜上了天空。

穆童警觉的眼神瞟着四周："什么声音？"

挥舞棍棒的声音"嗖嗖"地从空中传来。

卡卡纵身一跃，"喵呜"一声跳到穆童身上。

穆童低头眼睛眯成缝，微笑地看着卡卡："卡卡，这样就怕了，你胆子真小！"

一个身影从树丛尖"嗖"地一声腾空翻越，像陀螺一般旋转，脚底一阵清风。

从一棵树踩到另一棵树上，树叶随风摇晃。

身后的一棵树上，鸟巢里的鸟儿惊慌失措扑打着翅膀四处飞逃。（跟镜头）

穆童眼前一亮，看着这个身影："哇，轻功！"

"嗖嗖"挥舞棍棒的声音再次响起。

树丛中蹿出一身着古装的女孩，很机灵的模样，双眼警惕地两边张望（杨排风）。

穆童（主观镜头）跟上去："杨枫，你是杨枫吗"。

杨排风停住疑惑地转头："咦？"

穆童："我们不是在夏令营吗？你穿成这样干吗"

杨排风停住脚很奇怪地看着眼前的穆童："你的样子好怪呀，我不认识你。"（摊手说话）

穆童还想说什么，身后一个声音传来："杨排风！再跑我就不客气了！"穆童回头。

（斜线构图场景）潘虎双手舞动着鞭子正面跑了过来。

冲上前一把扯住杨排风的衣角："臭丫头！给我站住！"

杨排风用力甩开他："你放开我！"

穆童冲过去又一个急停，手往前指："你是谁？干吗欺负女生。"

潘虎向后一躲："什么人？连小爷我都敢惹！"

潘虎快速反应抬起右脚，一个扫堂腿转身加回旋踢，衣衫飞起，带起一阵狂风："让你尝尝小爷的厉害！"

穆童被踢中向后摔倒。（前景遮挡场景）

潘虎面部露出一丝快意，嘴角挂着高傲的笑容。（前景有草飘动）

潘虎扬起手里的鞭子，看着杨排风："臭丫头！这下看你往哪儿逃！"

穆童从地上跳了起来："你别嚣张，有我在，不准欺负女生！"

（特）微风吹着穆童的头发，穆童表情严肃，眼神充满正义。

（特）潘虎咬牙切齿地看着穆童："滚开！嫌挨打还挨得不够吗？"

（同一镜头平切）两人眼神交锋，擦出火花。

穆童斜眼偷看，用脚钩过一块石头，突然把石头踢起，跳起来用手抓住，扔向潘虎：

“看招!”

潘虎挥鞭一抽:“啪”一声,把石头打碎。

穆童趁机一个箭步冲了上去,趁潘虎扬起的手臂还没有放下,伸出右拳往潘虎腋下袭去。潘虎中了穆童的一拳,一个趔趄后退了几步。

潘虎双眼圆瞪,龇牙咧嘴地对穆童咆哮着:“你给我拿命来吧!”

潘虎将鞭子挥舞起来,形成一股气流将自己团团包围住,地面上沙、石、树叶飞滚。

气流朝着穆童迅速地涌动过来。(烟雾画法)

潘虎从气流里显出了身子,对着没有防备的穆童狠狠抡起鞭子抽了下来。(慢镜头冲镜)

杨排风:“小心啊!”

穆童用手遮面,眼看鞭子就要落到身上。

卡卡从穆童身后跃起,一下咬住了潘虎的手。(慢镜头变快镜头)

潘虎发出了:“啊——”一声(漫画式黑白效果定格,振镜),鞭子落在了地上。

卡卡落在穆童的身边,用镇定的眼神看着潘虎,微风吹拂卡卡的毛发,像一个战斗英雄。

潘虎从地上爬了起来:“你们给我记住,下次别让我碰见你们!”

潘虎的身影渐渐消失在了树林里。

穆童还呆呆地坐在地上。

杨排风来到穆童面前:“你没受伤吧?”

穆童甩甩头发:“还好。对了,杨枫,那个人为什么追你?”

杨排风抬起头:“你这个怪人,我不叫杨枫!”(前面用过肩镜头)

杨排风将棍子在空中回旋一周竖着插在地上:“我是天波府的烧火丫头——杨排风!”

穆童露出不可思议的表情:“杨排风?”

杨排风很认真地看着穆童:“刚才那家伙是潘虎!”

穆童念叨着:“杨排风!潘虎!杨家将!”

穆童瞪大眼睛张大嘴巴:“难道……难道说我跑到宋朝来了?”

穆童盯着卡卡:“卡卡,我要怎么回去啊?我想回家!”

杨排风笑着:“看你那可怜样,没去处,就跟本姑娘回天波府吧!”

穆童惊讶地说:“天波府?杨家将里的天波府?”

杨排风已经跑远:“还不快跟上!”(画外音)

两人向远处跑去,此时已是黄昏。

场景七:天波府正门(全景) 夜 外

天色渐渐黑下来,巍峨的天波府映入眼帘,门楼上有旗帜飘摆。(空景:三点透视)

穆童满脸敬仰地向前走去。(大全:两点透视)

(特)天波府的匾额闪着金光。

穆童抱着卡卡直直地向有两个大石狮子的正门走去(广角镜头),却被杨排风拦住。

杨排风的声音:“正门不能随便走,我们从后门进去!”

话音未落,突然半空中一声大喊:“什么人,胆敢擅闯天波杨府。”

穆童抬头一看，一轮大得出奇的圆月下，一个白衣翩翩的少年手提一杆银枪站在屋顶上。

少年嘴角微微一翘："既然来了，就先让你见识一下杨家枪吧。"

说完不等穆童反应过来，少年纵身一跃，挺枪直刺穆童。

杨排风慌忙大叫："六郎，他不是坏人。"

穆童早已傻了，眼中枪尖越来越近，却只能张大了嘴。

（黑屏，本集完）

2. 分析剧情框架，画出剧情起伏线

以故事《神奇小侠》为例，剧情起伏线如图 2.1.4 所示。从图中每个点的高低和每条线段的缓陡可以看出，这是一种高潮即为结局的剧本思路，讲述了一个奇幻类型的故事。在这个故事中，主要人物是穆童，次要人物有卡卡、杨排风、潘虎（包子）等。

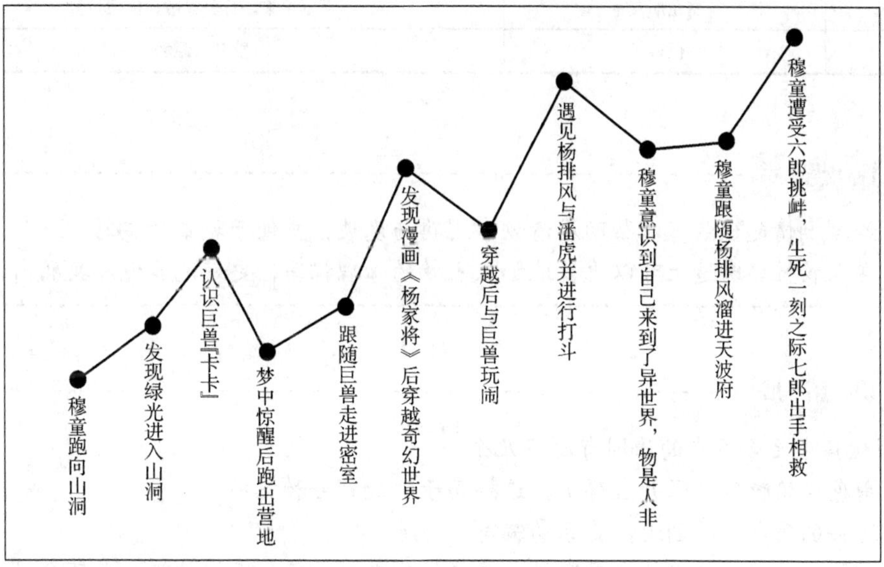

图 2.1.4 《神奇小侠》剧情起伏线

3. 根据剧情起伏线来细化故事内容

在剧本基本框架构造"开端、发展、高潮、结局"4 个环节中，补充具体情节。

1）开端：主角出现，发现绿光，制造悬念。

2）发展：主角穿越到异世界，慢慢发掘周围环境和人物的变化。

3）高潮：发觉穿越真相，被人挑衅。

4）结局：得人相助，幸免于难。

4. 塑造角色性格

在故事结构清晰后，角色的性格将推动剧本的发展。在剧本中应该用语言和行为突出角色的个性，适当的细节描写可以突出角色的特别之处，鲜明的对比更能显示出角色的个性特征。

角色的性格可以通过动作、语言、神态来表现，在《神奇小侠》中，主人公穆童在现实中遇见梦中的场景，仍然选择继续往前走，想一探究竟，刻画了穆童是一个好奇心强并且勇敢的男孩，后面他保护杨排风展现出他英勇无畏、正义感强烈的一面；潘虎一言不合就动手，突出了他蛮横无理的性格；从杨排风的对话和行为，可以看出她是个可刚可柔、身手灵敏且活泼可爱的小姑娘；卡卡在关键时刻保护穆童，体现了它的善良温和。

《神奇小侠》主要角色性格见表 2.1.1。

表 2.1.1 《神奇小侠》主要角色性格

角色	角色定位	角色性格
穆童	主角	勇敢、正义感强、好奇心强
潘虎	反面角色	蛮横无理
杨排风	主角朋友	可刚可柔、身手灵敏、活泼可爱
卡卡	巨兽	善良、温和

技能提示

- 绘制剧情起伏线可以帮助厘清故事逻辑与发展，更便于剧本的编写。
- 在人物性格塑造上可以更多地加入人物的心理描写，更好地展现人物的内心世界。

知识拓展

类型化角色至今存在的原因有以下几个。

- 角色性格特征有限并且鲜明，这样易于观众领会和把握。
- 这样的角色容易创造，更容易编写。
- 动画作品具有特殊艺术观赏性，这样的剧本哪怕角色不够独特，也不会枯燥无味。

任务小结

通过本任务的学习，归纳总结如下。

① 在构思好动画剧本的大框架后，画出剧情起伏线，帮助自己厘清后续的剧情发展。

② 以类型化手法塑造人物，在语言、行为描写中突出人物个性。

课后练习

1. 问答题

① 剧本基本框架构造由哪几个环节组成？

② 角色的性格可以从哪些方面表现？

2. 实践题

根据《神奇小侠》的剧情起伏线添加你联想到的细节，构思出更加完整的剧情。要求如下。

① 故事要有开端、发展、高潮、结局，结构完整，层次清晰，重点明确。

② 故事动作描述多，适合画面表现。

③ 人物性格突出，特征明显。

④ 语言简练，文字无歧义。

任务 2.2 剧 本 编 写

任务介绍

本任务通过修改动画片《神奇小侠》的剧本，掌握剧本正确的写作规范，学会检查与修改剧本格式。

相关知识

1. 剧本格式

剧本格式

动画剧本的格式和影视剧本相仿，主要分为开头、景象、动作、对白等。

（1）开头

开头包括时间、空间、地点、人物等，空间还可以分为外景、内景以及室内、室外。

（2）景象

景象简单以画面形象说明即可，将剧情的氛围渲染出来。例如，只见在房子里主梁正对的地上细碎地散着一些木屑，旁边站着房主人和做客的郁离子。

（3）动作

动作是指人物基本状态和具有目的性的行为和动作，分为主动动作和被动动作。主动动作就是人物自己主动地想去做某件事，因生活中的正价值事物对一个人的吸引和感召，使其产生动机去做某件事；被动动作是一个负价值对人的打压、逼迫和冲击所产生的动作。

（4）对白

对白主要有间断性对白与连续性对白。间断性对白会穿插景象或动作描写，而连续性对白是两个或两个以上角色你来我往的对话，人物的表情、视角等提示可用括号表示。例如：

主人（不甘地）：换主梁可是一笔大开销，而且合适的木材也不好找啊！

郁离子：话虽如此，但主梁乃一屋栋梁，关系重大，不可不换啊！

2. 标准案例示范

以动画片《换梁》部分剧本为例，将剧本内容按标准格式进行编排。

（1）开头

场景一：日景（白天）；内景（室内）；地点是主人的住所。

（2）景象

- 春日正好，一只鸟正在空中翩翩飞着，轻轻地落在了一户人家的屋顶。
- 它左右看看，小跳了几步。
- 突然，一阵窸窸窣窣的声音传来，接着只听屋里传来一阵惊叫。
- 鸟儿受了惊，展开翅膀飞走了。

（3）动作

- 此时两个人正抬头向上看着。
- 主人叉着腰，愁眉苦脸。
- 郁离子则一手背在身后，一手捻着胡须，打量着主梁。

（4）对白

主人：哎呀，这地上怎么都是木屑呀？

郁离子：这是主梁被蚂蚁蛀坏了，得换根新的。

任务分析

实训目的：了解剧本的规范化格式，学会编写剧本。

操作要求：剧本格式需按规范编写，文字表述简单、易懂。

技能点拨：要用最简单的方式明确出事件发生的时间、地点、人物。

任务实施

1）检查以下《神奇小侠》剧本不规范的地方，主要从剧本结构是否合理、情节描述是否清晰这两个维度去分析。

《神奇小侠》剧本（未整理版）

一、（连续闪回）乌云密布，下着雨的山洞。

洞口呆愣愣的穆童（全、微仰）。

洞中一只白虎慢慢走出，走到近前转身变成猫一样的小兽（全）。

穆童（特）：“卡卡！”

小兽转身向洞内跑去。

穆童急着伸出手（中）：“卡卡，你别跑！”

二、穆童闭着眼睛，挥舞着双手："卡卡，你别跑!"

他突然醒来坐起："唉！又做了那个奇怪的梦。"（拉全）

突然帐篷外一道亮光闪过。

穆童翻身爬了起来，猫着腰掀开了帐篷的一角，周围是耸立着的一个个小帐篷，天上繁星闪烁。不远处一道蓝光向树林中飞去，穆童眼睛一亮。

随后蹑手蹑脚地钻出帐篷半个身子。

三、幽静的森林里，虫鸣声悦耳，白月光洒在树的叶子和小路上。穆童沿着光飞去的方向向前走去。

不远处是隐隐约约的山尖。

（斜下摇）一个漆黑的山洞洞口就在前方。

穆童掏出了手电筒，朝着山洞走去。

穆童侧身向山洞内张望。

白虎突然跳出，穆童惊叫："啊!"

白虎一双绿色的眼睛，距离穆童越来越近。

穆童："卡卡！是卡卡吗？"

白虎卡卡朝着山洞深处跑去，穆童紧跟在后。

四、穆童跟着白虎朝前走："你要带我去哪儿啊？"

一道道微弱的光从穆童的眼前一晃而过，穆童眨眨眼。光线流动，穆童觉得自己仿佛置身于一个奇幻的世界。

越走越亮，穆童关掉了手电筒。

来到光源处，穆童抬头看着眼前的奇观，张大嘴巴说不出一个字："……"

白虎的尾巴扫过穆童的脚背。穆童低头："你就是要我来看这个？"

白虎不理会穆童，并迅速纵身跃入水晶墙。穆童下意识伸手："等等，你又要去哪里？"

白虎的身影湮没至镜中。穆童急忙上前用手轻轻抚摸着水晶墙，感受水晶墙柔和地浮动。

水晶墙颜色慢慢变淡。

墙里像播放幻灯片似的出现了一张张将士的脸，有刚毅的，有年轻的，也有几个跟自己差不多的半大小孩儿穿着盔甲，他们手里都拿着长枪。随后视线出现在一个大宅院的上空，"天波府"三个字显现出来。

穆童大叫："这是杨家将!"

穆童使劲摇晃着头："这不会是我的幻觉吧？"

墙里突然有一只大手伸了出来，五根手指像一张大网，穆童整个身体都被笼罩在里面。

穆童大叫一声："啊！救命啊!"

大手将穆童抓起，并渐渐地收缩到了墙里，穆童在空中不停地踢着腿，头部已经融入水晶墙。

水晶墙消失不见了，洞里一片寂静，一个熄灭的手电筒落在地上。

五、风“呼呼”地在穆童耳边吹过。

这是一个金黄色的世界，周围的空气和水晶墙一样在缓缓地流动。

穆童轻飘飘地飘浮着，他胆怯的脸上滚着汗，下意识地扭动着四肢，白虎在他身边变成了猫一样的小兽。

突然一阵晃动。

穆童的身体开始了剧烈旋转：“啊！”

穆童的身体像一团旋风越转越快，向画面深处转去。（强光白屏）

2）将以上《神奇小侠》剧本重新整理，按规范的格式修改为标准的动画剧本。

① 在这个剧本中添加详细的场景、时间和地点。

② 剧本中添加关于场景和人物的详细描写。

《神奇小侠》剧本（整理版）

（修改部分加黑）

场景一：森林　日　外

（连续闪回）乌云密布，下着雨的山洞。

洞口呆愣愣的穆童（全、微仰）。

洞中一只白虎慢慢走出，走到近前转身变成猫一样的小兽（全）。

穆童（特）：“卡卡！”

小兽转身向洞内跑去。

穆童急着伸出手（中）：“卡卡，你别跑！”

场景二：帐篷　夜　内（背景叠化，镜头顺时针转 90°）

穆童闭着眼睛，挥舞着双手：“卡卡，你别跑！”

他突然醒来坐起：“唉！又做了那个奇怪的梦。”（拉全）

突然帐篷外一道亮光闪过（**穆童侧面，惊到，转头**）。

穆童翻身爬了起来，猫着腰掀开了帐篷的一角。

帐篷周围是耸立着的一个个小帐篷，天上繁星闪烁。

不远处一道蓝光向树林中飞去，穆童眼睛一亮。

随后蹑手蹑脚地钻出帐篷半个身子。

场景三：森林　夜　外

幽静的森林里，虫鸣声悦耳，白月光洒在树的叶子和小路上。

穆童沿着光飞去的方向向前走去。（**S 形向心场景**）

不远处是隐隐约约的山尖。（**三角构图场景**）

（斜下摇）一个漆黑的山洞洞口就在前方。

穆童掏出了手电筒，朝着山洞走去。

穆童侧身向山洞内张望。

白虎突然跳出，穆童惊叫："啊!"

白虎一双绿色的眼睛，距离穆童越来越近。

穆童："卡卡！是卡卡吗？"

白虎卡卡朝着山洞深处跑去，穆童紧跟在后。

场景四：山洞　夜　内（光影表现）

穆童跟着白虎朝前走："你要带我去哪儿啊？"

一道道微弱的光从穆童的眼前一晃而过，穆童眨眨眼。光线流动，穆童觉得自己仿佛置身于一个奇幻的世界。

越走越亮，穆童关掉了手电筒。

来到光源处，穆童抬头看着眼前的奇观，张大嘴巴说不出一个字："……"**（场景描写：淡紫色的水晶墙出现在穆童面前。梦幻的墙壁仿佛有自己的生命一样，如湖水般轻柔地浮动着。）**

白虎的尾巴扫过穆童的脚背。

穆童低头："你就是要我来看这个？"

白虎不理会穆童，并迅速纵身跃入水晶墙。穆童下意识伸手："等等，你又要去哪里？"

白虎的身影湮没至镜中。穆童急忙上前用手轻轻抚摸着水晶墙，感受水晶墙柔和地浮动。

水晶墙颜色慢慢变淡。

墙里像播放幻灯片似的出现了一张张将士的脸，有刚毅的，有年轻的，也有几个跟自己差不多的半大小孩儿穿着盔甲，他们手里都拿着长枪。随后，视线出现在一个大宅院的上空，"天波府"三个字显现出来。

穆童大叫："这是杨家将!"

穆童使劲摇晃着头："这不会是我的幻觉吧？"

墙里突然有一只大手伸了出来，五根手指像一张大网，穆童的整个身体都被笼罩在了里面。

穆童大叫一声："啊！救命啊!"

大手将穆童抓起，并渐渐地收缩到了墙里，穆童在空中不停地踢着腿，头部已经融入水晶墙。

水晶墙消失不见了，洞里一片寂静，一个熄灭的手电筒落在地上。

场景五：虚幻世界　日　内

风"呼呼"地在穆童耳边吹过。

这是一个金黄色的世界，周围的空气和水晶墙一样在缓缓地流动。

穆童轻飘飘地飘浮着，他胆怯的脸上滚着汗，下意识地扭动着四肢，白虎在他身边变成了猫一样的小兽。

突然一阵晃动。穆童的身体开始了剧烈旋转："啊!"

穆童的身体像一团旋风越转越快，向画面深处转去。（强光白屏）

知识拓展

剧本字数：一般10分钟的动画字数在3000～4000字。剧本应尽量详细，以将动作描述清楚为佳。

任务小结

通过本任务的学习，归纳总结如下。

① 动画剧本的格式和影视剧本相仿，主要包括开头、景象、动作、对白等。

② 动画剧本开头包括时间、空间、地点、人物等元素。

课后练习

1. 问答题

① 动画剧本的格式包括哪些内容？

② 动画剧本开头包括哪些元素？

2. 实践题

修正《神奇小侠》的剧本，使其变得更加规范。要求如下。

① 故事中动作描述要详细。

② 语言简练，文字无歧义。

③ 剧本中开头包含场次、时间、人物，剧情包含动作、对白。

项目 3

动画分镜头脚本制作

动画分镜头脚本是将文学内容分切成一系列可以绘制的动画镜头的一种脚本，根据脚本完成对镜头的设计。动画分镜头通常结合剧本、场景角色的美术设计，通过对剧本整体的构思及镜头语言的运用、角色的表演、场景气氛、色彩光影来实现镜头上的制作。动画制作人员可以清楚地知道每个画面的安排，使动画制作更高效、方便，同时也使制作方对动画制作时间和制作成本有一定的估算。

学习目标

- 掌握动画分镜头脚本相关知识，了解各类指示符号的含义。
- 学会根据剧本设计和绘制分镜头脚本。

素养目标

- 培养学生小组合作、自主探究的能力。
- 培养学生自我激励、自我展示、勇于尝试的精神。
- 通过分镜头脚本的制作，培养学生突破自我和勇于创新的精神。

任务 3.1　读懂动画分镜头脚本

任务介绍

通过分析《神奇小侠》42～53 号镜头，学习什么是动画分镜头脚本，了解分镜头脚本各部分内容的含义，熟悉分镜头中出现的各类指示符号的作用及意义，为后面绘制分镜头脚本做好铺垫。

相关知识

1. 动画分镜头脚本的概念

动画分镜头脚本制作是动画制作前期中的一个重要环节。在深刻研读剧本后，根据导演的意图，用镜头语言分为一格一格的画面来绘制。在制作过程中有较大的创意发挥空间，同时也要注意镜头间逻辑的严谨性。通常一个好的分镜头脚本，可以生动地表达出故事中的情感变化，使剧本更形象化。镜头中气氛的铺垫、角色生动的表演、机位及镜头语言的巧妙运用，可以让观众更直接地融入剧情里。

动画分镜头脚本共有两种版式，分别为横向和竖向。欧美的动画分镜头脚本用横向的较多，横向的画面篇幅较少，且左右排列的画面较为清晰明朗。横向分镜头脚本如图 3.1.1 所示。我国和日本的动画分镜头脚本一般是竖向的较多，如图 3.1.2 所示。

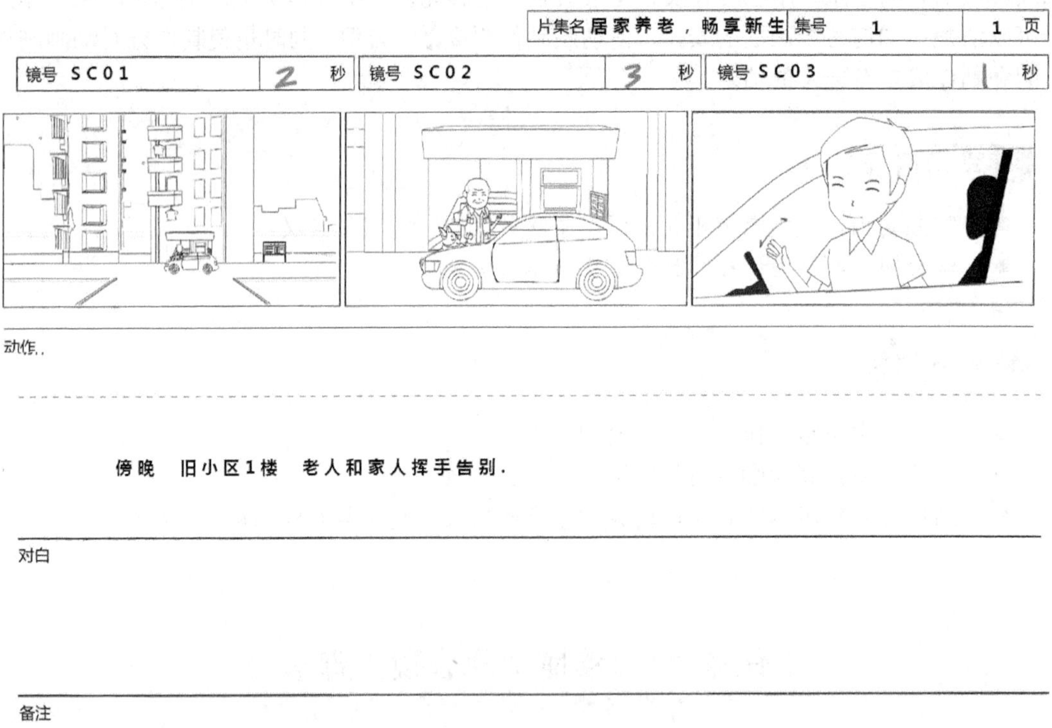

图 3.1.1 横向动画分镜头脚本

动画分镜头的脚本除了镜头的展现以外，其他部分的组成也很重要。下面以图 3.1.2 为例来说明脚本中的几个组成部分。

第 1 列：镜号，是对镜头画面的统计。每当画面出现变化时，都要顺着次序一一记录下来。有利于分镜师和后续制作人员统计全集共出现多少画面，方便动画制作。

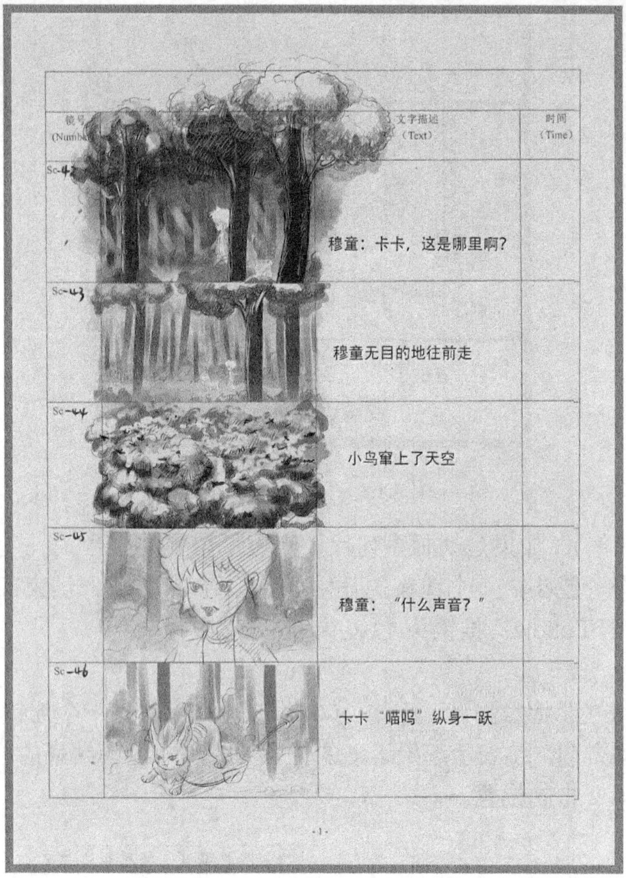

图 3.1.2　竖向分镜头脚本

第 2 列：二维画面，用作分镜头的展示。通常把设计好的镜头画在镜框里，让观众更直观地感受到画面的变化。

第 3 列：文字描述，通常是记录台词的位置。有时也会把这个镜头动作或气氛状态的描述加入其中，方便观众阅读和理解。

第 4 列：时间，用来记录这个镜头的时长。镜头的时长对于动画整体的节奏把握至关重要。

2. 动画分镜头脚本中常用的指示符号

脚本出现镜头的运动（Trans），如推拉、摇移、升降，或是人物的出画、入画，都要用箭头进行标注（图 3.1.3）。常用的指示符号一般有以下几种。

- Action（动作）：角色的各种表演和动作。
- Dialogue（对白）：角色之间的台词。
- Scene（镜号）：镜头的标号。通常用 Sc 来表示。
- BG（背景号）：表示背景。
- Time（时间）：用来记录每个镜头的时长。

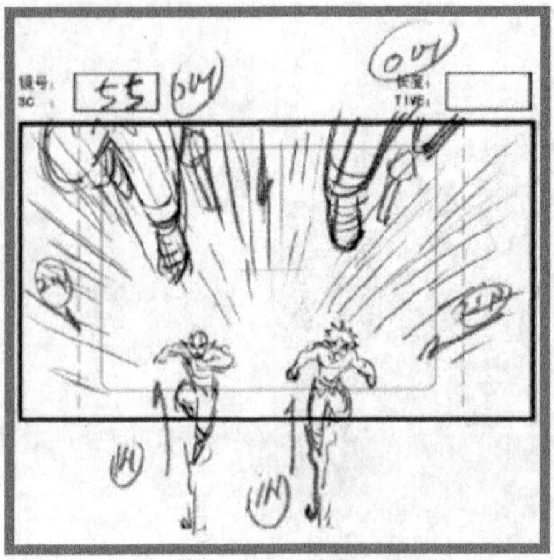

图 3.1.3　各类指示符号

- Slug（系列集）：如果是动画系列片，则表示该集的集号。
- CUT：一个分镜头，一个镜头的开始部分称为 CUT 头，结束部分称为 CUT 尾。
- T.U/T.B/PAN/Follow：推镜头/拉镜头/摇镜头/跟镜头。
- OFF：画外。

镜头运动一般用红线特殊强调。比如：06 镜（图 3.1.4）是一个摇镜头，摇镜用 PAN 来表示，箭头代表运动方向，A 表示起始运动的位置，B 表示运动结束的位置。镜头从第 1 格的位置向左移动到第 2 格的位置。

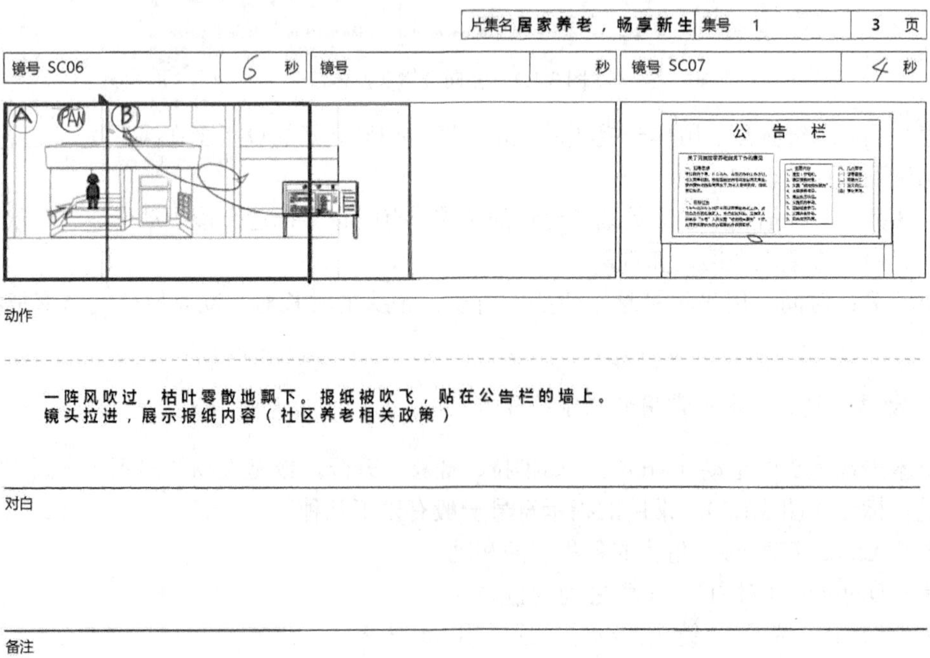

图 3.1.4　摇镜头

这类摇镜头通常能展现场景的全貌，渲染意境和气氛。灵活运用镜头并把握好节奏，可以使画面更富有感染力。

任务分析

实训目的：了解并分析动画分镜头脚本，掌握完整的动画分镜头脚本包含的范围。

操作要求：结合剧本、人设及场景美术读懂动画分镜头脚本。

技能点拨：灵活应用符号可以使动画分镜头脚本更清晰、完整，方便后续动画制作人员理解。

任务实施

1）根据动画分镜头脚本的组成以及各类指示符号的相关知识，以如下《神奇小侠》的剧本片段为例设计动画分镜头脚本。

《神奇小侠》剧本片段

阳光从一棵大树缝隙中照过来（长镜头从仰视摇到俯视），穆童躺在树下，

卡卡趴在他身边，草地上有蝴蝶在飞。

穆童的一双眼睛在炫目的阳光中缓缓睁开。

他站起来，无目的地往前走，卡卡跟在身后。

穆童自言自语地说："卡卡，这是哪里啊？"（水平场景分层）

树林里，沙沙的风声传来，树叶飘落了几片，接着有很多小鸟突然从林子里窜上了天空。

穆童用警觉的眼神瞟着四周："什么声音？"

挥舞棍棒的声音"嗖嗖"地从空中传来。

卡卡纵身一跃，"喵呜"一声跳到穆童身上。

穆童低头眼睛眯成缝，微笑地看着卡卡："卡卡，这样就怕了？你胆子真小！"

一个身影从树丛尖"嗖"地一声腾空翻越，像陀螺一般旋转，脚底一阵清风。

从一棵树踩到另一棵树上，树叶随风摇晃。

身后的一棵树上，鸟巢里的鸟儿惊慌失措地扑打着翅膀四处飞逃。（跟镜头）

穆童眼前一亮，看着这个身影："哇，轻功！"

"嗖嗖"挥舞棍棒的声音再次响起。

树丛中蹿出一身着古装的女孩，很机灵的模样，双眼警惕地两边张望（杨排风）。

穆童（主观镜头）跟上去："杨枫，你是杨枫吗"。

杨排风停住疑惑地转头："咦？"

穆童："我们不是在夏令营吗？你穿成这样干吗"

首先仔细阅读以上剧本片段，可以确定的是剧本中出现了"树林里"，对照已经完成的树林里的场景设定（图3.1.5），绘制第42号镜头的部分（图3.1.6）。

图 3.1.5　对应的场景设定

图 3.1.6　42 号镜头

42 号镜头开始出现角色，本任务剧本片段中将要出现的角色设定已经完成（图 3.1.7），可以完整绘制 42～46 号动画分镜头（图 3.1.8）。把构思的镜头结合场景，按照剧本的意思做出人物相关的表演，同时安排好镜号、对白及时间，一段完整流畅的动画分镜头即制作完成。

图 3.1.7　角色设定图

2）逐条分析 42～46 号镜头的内容。

① 分析 42 号镜头的内容。

对应剧本：他站起来，无目的地往前走，卡卡跟在身后。穆童自言自语地说："卡卡，这是哪里啊？"（水平场景分层）

设计分析：根据角色对白"这是哪里啊"，可以确定人物并不了解这个地方，所以为了让观众看清楚环境，给出了一个全景（图 3.1.9）。"in"表示进入，箭头标在人物的位置，代表角色进入到镜头里。

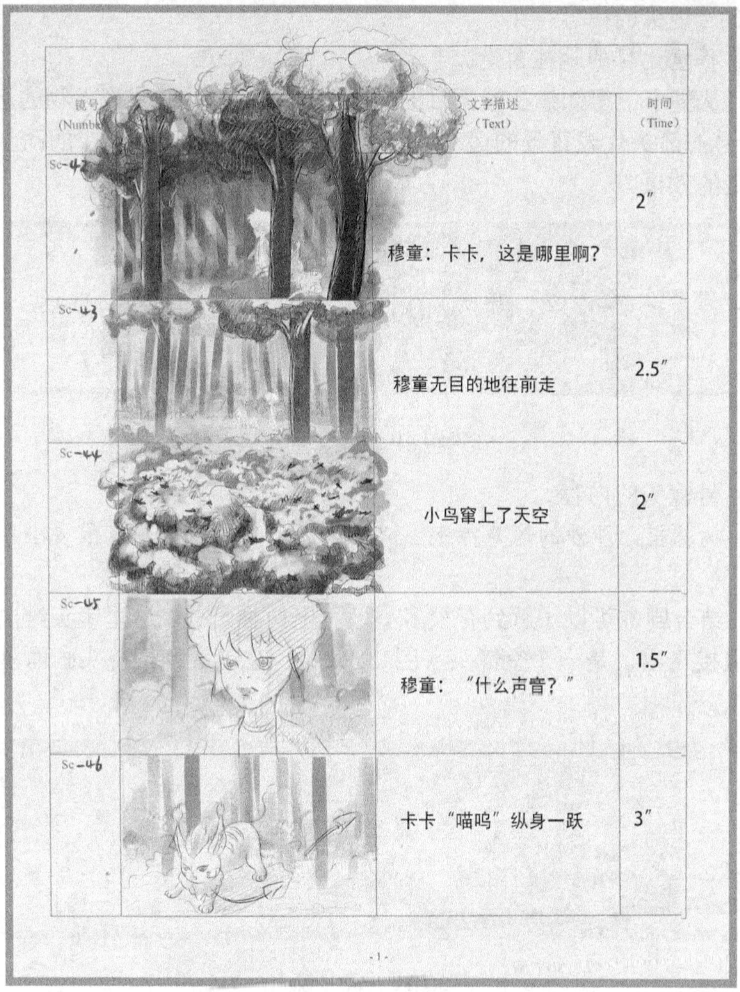

图 3.1.8　42～46 号分镜头片段

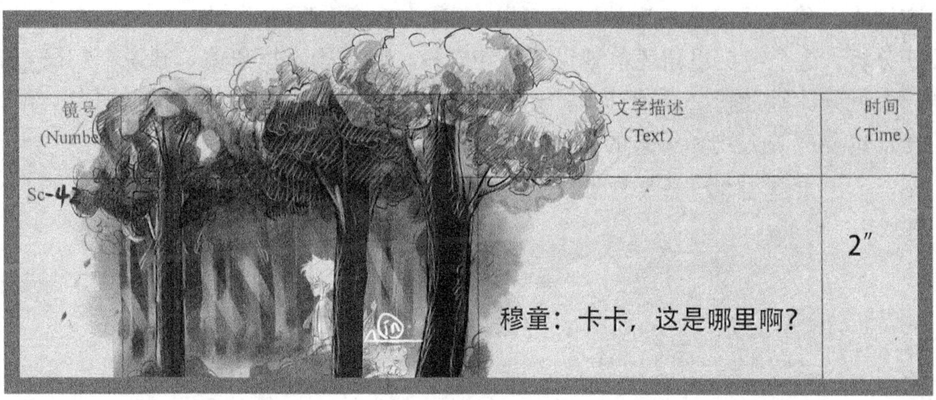

图 3.1.9　42 号镜头

② 分析 43 号镜头的内容。

对应剧本：穆童无目的地往前走。

设计分析：从脚本中得知他在漫无目的地往前走，箭头向前代表人物的运动方向，标有背景（BG）符号的箭头代表背景的运动方向（图 3.1.10），使这一镜头的动画效果呈现出人物在森林中行走的效果。

图 3.1.10 43 号镜头

③ 分析 44 号镜头的内容。

对应剧本：树林里，沙沙的风声传来，树叶飘落了几片，接着有很多小鸟突然从林子里窜上了天空。

设计分析：结合剧本可以了解到有很多小鸟飞出树林，所以这里镜头给出了茂密树林的场景，有小鸟直接飞出，是一个空镜头（图 3.1.11）。空镜头特指镜头画面里只有场景没有角色出现的镜头。

图 3.1.11 44 号镜头

④ 分析 45 号镜头的内容。

对应剧本：穆童用警觉的眼神瞟着四周："什么声音？"

设计分析：这个镜头里角色单独说了一句对白。通常剧本里角色单独说一句简短的句子会给到一个近景。因此，45 号镜头是一个近景的景别（图 3.1.12）。近景画面中，相对人物背后的场景也要按照人物和场景的比例关系来调整。

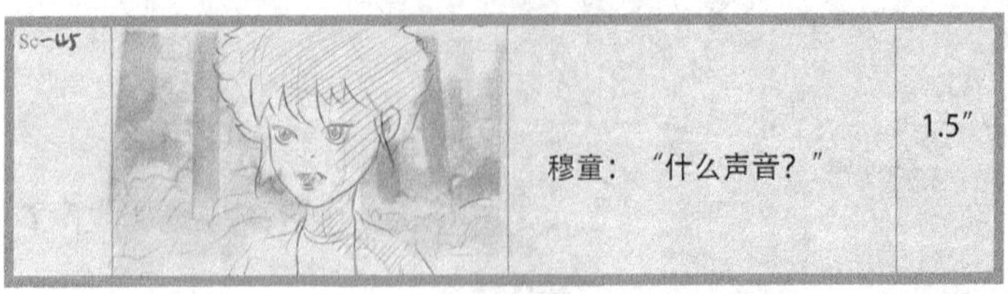

图 3.1.12 45 号镜头

⑤ 分析 46 号镜头的内容。

对应剧本：卡卡纵身一跃，"喵呜"一声跳到穆童身上。

设计分析：通过剧本可以得知角色卡卡后面会有冲上天的动作，所以给了一个全景的景别，方便角色动作表演的展示（图 3.1.13）。图中有个符号“out”，是出去的意思，out＋箭头代表角色出画面的方向。同时也要注意角色和场景之间的比例。角色有张力的动作，会让画面更生动，给镜头加分。

图 3.1.13　46 号镜头

3）接下来的剧本中开始出现角色互动或者冲突，因此需要用到一些互动相关的指示符号，如 47～53 号镜头（图 3.1.14 和图 3.1.15）。

图 3.1.14　47～51 号分镜头片段

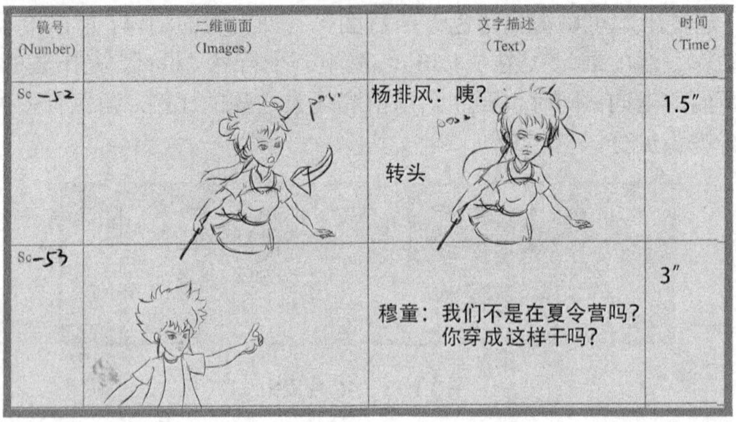

图 3.1.15　52 和 53 号分镜头片段

4）逐条分析 47～53 号镜头的内容。

① 分析 47 号镜头的内容及指示符号和动作的连接。

对应剧本：穆童低头眼睛眯成缝，微笑地看着卡卡："卡卡，这样就怕了？你胆子真小！"

设计分析：从脚本中得知这一镜头依然是人物的近景，占据了两格画面，内容是角色卡卡跳到角色人物肩膀上的过程（图 3.1.16）。第一格左下的箭头是卡卡入画的方向，左上的 pos1 代表角色们的第一个动作和姿势。第二格 pos2 则代表角色们的第二个动作，两个 pos 合到一起使动作更连贯。

图 3.1.16　47 号镜头

② 分析 48 号镜头的内容及指示符号和动作的连接。

对应剧本：一个身影从树丛尖"嗖"地一声腾空翻越，像陀螺一般旋转，脚底一阵清风。从一棵树踩到另一棵树上，树叶随风摇晃。身后的一棵树上，鸟巢里的鸟儿惊慌失措地扑打着翅膀四处飞逃。

设计分析：通过脚本得知这里应该是一个全景，方便更清晰地展现场景和角色间的关系以及角色的动作（图 3.1.17）。第一格左边的 pos1 及箭头，表示从开始空镜的树林中角色跳出，所以 pos1 并没有人物的出现。pos2 则是人物出现后的身姿，紧接着是一个箭头代表人物运动的方向。立体的符号让观感更清晰。第三个箭头及动作同理，代表着人物的出画。

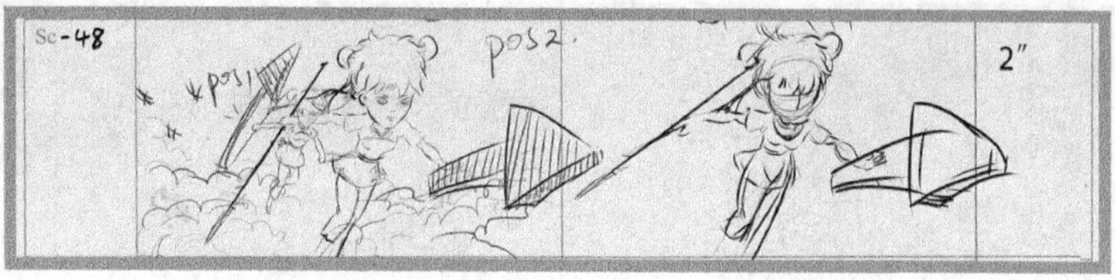

图 3.1.17 48 号镜头

③ 分析 49 号镜头的内容及景别安排的含义。

对应剧本：穆童眼前一亮，看着这个身影：“哇，轻功！”

设计分析：根据分镜头脚本这里出现了人物的独白和表情的介绍：“穆童眼前一亮”，所以给出了近景（图 3.1.18），可以直观地反映角色内心情感的变化。

图 3.1.18 49 号镜头

④ 分析 50 号镜头的内容以及注意镜头间的关系。

对应剧本：“嗖嗖”挥舞棍棒的声音再次响起。树丛中蹿出一身着古装的女孩，很机灵的模样，双眼警惕地两边张望（杨排风）。

设计分析：结合剧本，这一段里同时出现了两个角色以及“挥舞棍棒的声音”，内容的增加使画面元素也变得丰富，自然还是给一个全景加以展现（图 3.1.19）。这一镜头占了两格，清晰展现了女性角色的运动方向。A 是角色的起始位置，即 pos1；B 是角色要跑到的位置，即 pos2。50 号镜头表示角色从 A 运动到 B。同时，注意根据前面镜头，卡卡是一直在穆童肩上的，剧本中虽没有提到卡卡但还是要保持连镜。即没有特殊的说明或运动，人物仍要保持之前的站位。在读懂镜头的同时，也要注意镜头和镜头之间的关系，保持逻辑通顺。

图 3.1.19 50 号镜头

⑤ 分析 51 号镜头的内容及动作含义。

对应剧本：穆童：“杨枫，你是杨枫吗？”

设计分析：结合分镜头脚本可以看出人物转身，人物下边有一个转向的符号（图 3.1.20）。根据对白及人物的动作，表示人物转身后看向女性角色离开的方向，让画面更生动。

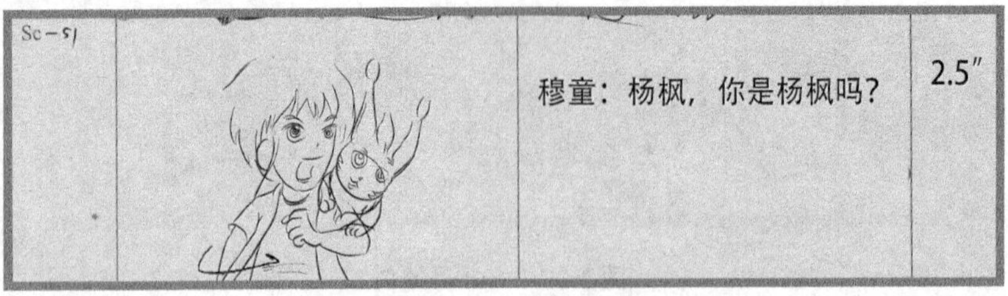

图 3.1.20　51 号镜头

⑥ 分析 52 号镜头的内容。

对应剧本：杨排风停住疑惑地转头："咦？"

设计分析：这里设定为一个中景，占了两格画面（图 3.1.21）。pos1 是人物本身的动作，增加了一个转身的符号，所以第二格就呈现出 pos2 的动作：女性角色完成了转身并说出对白。

图 3.1.21　52 号镜头

⑦ 分析 53 号镜头的内容。

对应剧本：穆童："我们不是在夏令营吗？你穿成这样干吗？"。

设计分析：抬起的指示符号表明了角色的动作（抬起手臂），同时单人的对白依然是近景（图 3.1.22），便于直观地展示角色的表情和表演。

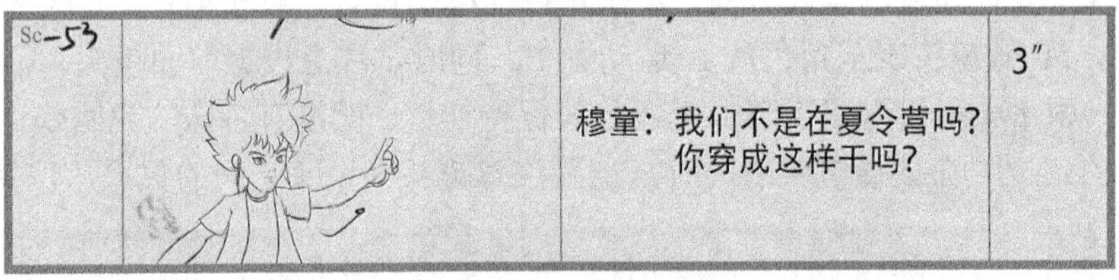

图 3.1.22　53 号镜头

5）补充知识点。

镜头的运动除了上述介绍和分析的内容外，在一场戏的高潮部分，镜头及指示符号的运用、节奏的把握会让画面变得更精彩。下面结合另一动画片《居家养老，畅享新生》中的分镜头脚本来具体分析。

13 号镜头（图 3.1.23）的指示符号很多，可以一步一步去思考。首先是右侧，立体的箭头符号及方向表示端菜的工作人员进入到画面里。围坐圆桌人物的手臂处有箭头，代表人物整体运动方向。镜头从镜头 A 特写拉至镜头 B 的全景，增强了对观众视觉的冲击力。

14 号镜头（图 3.1.23）是一个固定镜头，没有镜头运动，主要突出老人满足、快乐的表情和动作，节奏变得舒缓。

15 号镜头（图 3.1.23）切换场景，镜头从镜头 A 朝下摇动到镜头 B。15 号镜头是动画最后一个镜头，观众刚刚经历了片尾高潮，需要用较慢的摇镜头来平复情绪。镜头运动符号让人可以清晰地看出运动方向，也增加了画面的立体感。标好并了解这些指示符号的作用，对了解动画分镜头剧本、设计分镜头有着至关重要的作用。

图 3.1.23　13～15 号镜头

通过 13～15 号镜头，在构思好画面以后，合理地画出表演及安排，可以使镜头更流畅。在不耽误绘制档期的情况下，可以参考上述镜头，合理地标好指示符号。镜头的运动、有张力的表演会使画面更美观。

技能提示

- 要注意观察在分镜头脚本中相邻的两个画面，有可能它们是同一个镜头的动作切分而不是两个镜头。
- 指示符号的标注要结合分镜头画面，避免出现逻辑错误。
- 有张力的表演结合正确的指示符号，可以使分镜头画面更丰富和美观。

任务小结

通过本任务的学习，归纳总结如下。

① 完整的动画分镜头脚本，由镜号、分镜头画面、对白、时间组成。

② 脚本出现镜头的运动，如推拉、摇移、升降或是人物的出画、入画，要用箭头做好标注。

课后练习

结合《神奇小侠》的剧本片段及动画分镜头脚本（图 3.1.24），标出每镜相应的镜头运动符号及角色运动符号。要求如下。

① 符合剧本的逻辑及剧情。

② 符合分镜头脚本中的镜头衔接及人物站位。

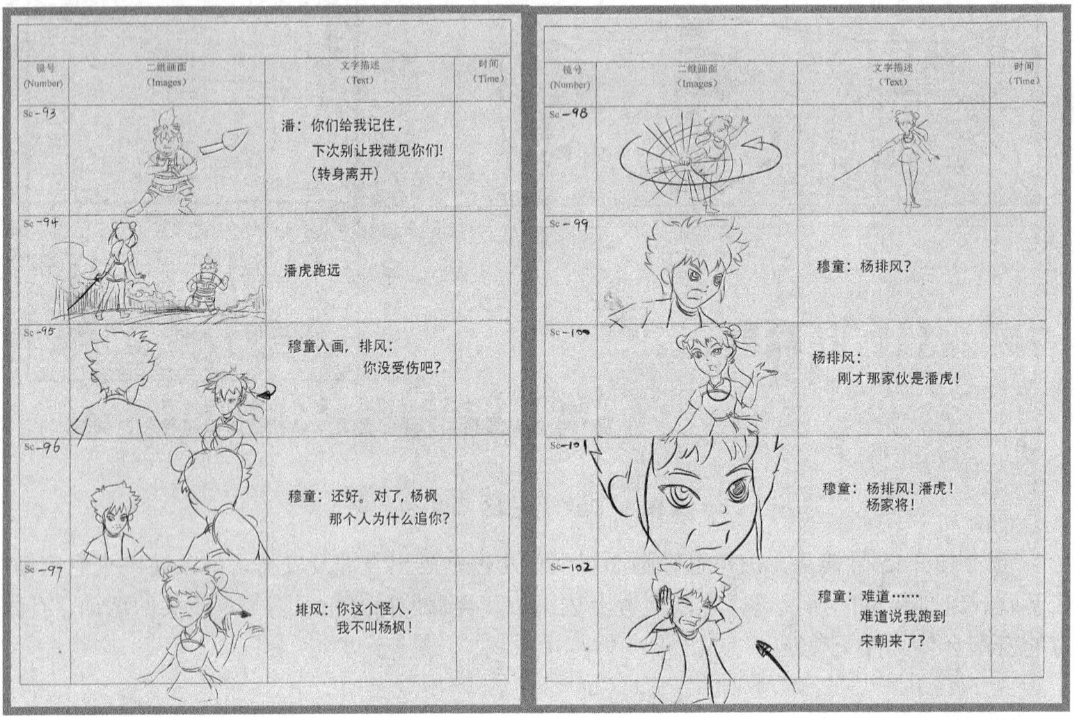

图 3.1.24　剧本片段动画分镜头脚本

《神奇小侠》剧本片段

潘虎从地上爬了起来："你们给我记住，下次别让我碰见你们!"

潘虎的身影渐渐消失在了树林里。

穆童还呆呆地坐在地上。

杨排风来到穆童面前："你没受伤吧？"

穆童甩甩头发："还好。对了，杨枫，那个人为什么追你？"

杨排风抬起头："你这个怪人，我不叫杨枫!"（前面用过肩镜头）

杨排风将棍子在空中回旋一周竖着插在地上："我是天波府的烧火丫头——杨排风!"

穆童露出不可思议的表情："杨排风？"

杨排风很认真地看着穆童："刚才那家伙是潘虎!"

穆童念叨着："杨排风！潘虎！杨家将!"

穆童瞪大眼睛张大嘴巴："难道……难道说我跑到宋朝来了？"

任务 3.2 部分动画分镜头脚本制作

任务介绍

通过分析《神奇小侠》中 39～42 号镜头，结合《神奇小侠》角色设计，完成相应的画面分镜头脚本制作，掌握基本的运用镜头语言及理解剧本、绘制分镜头脚本的能力，创作出使观众可以看懂的分镜头画面。

相关知识

景别

1. 景别

景别指被摄对象在画面中所呈现的范围。景别不同，意味着画面内景物范围的大小或者主体在画面所占的面积大小不同，大致可以分为大全景、远景、全景、中景、近景、特写、大特写等。不同的景别所表达的情绪、氛围不同。以下结合经典动画片来介绍景别。

1）大全景。镜头中的视野很广，主要用来展示画面及周围的环境（图 3.2.1）。如果有角色出现，可以将多个角色同时容纳在视野范围内。

图 3.2.1 动画片《神奇小侠》大全景

2）远景。远景一般是用来表现远离摄像机的环境全貌，展示人物及其周围广阔的空间环境（图 3.2.2）。相当于从较远的地方看人物、景色，通常可以将画面渲染得更广阔。画面中的背景在远景中占主要地位。

3）全景。全景用来表现场景的全貌与人物的全身动作，在镜头中用于表现人物之间、人与环境之间的关系（图 3.2.3）。在叙事和表达情绪、营造气氛中起到了独特的作用。

图 3.2.2　动画片《神奇小侠》远景

图 3.2.3　动画片《神奇小侠》全景

4）中景。人物膝盖以上的画面称为中景。作为叙事中用到最多的景别，中景可以清晰地交代人物的动作表演，兼顾人物与人物、人物与场景之间的关系（图 3.2.4）。

图 3.2.4　动画片《神奇小侠》中景

5）近景。人物胸部以上的画面称为近景（图 3.2.5）。近景可以清楚地表达人物的情感变化，通常用于人物单独对话，重点刻画人物面部表情和动作表演。近景能让观众产生接近感，可以更好地融入剧情中。

图 3.2.5　动画片《神奇小侠》近景

6）特写。人物的肩部及以上，或物体的局部称为特写。通常用于情感的转变，人物细微表情的刻画（图 3.2.6）。可以提示信息、营造悬念，起到突出和强调的作用。

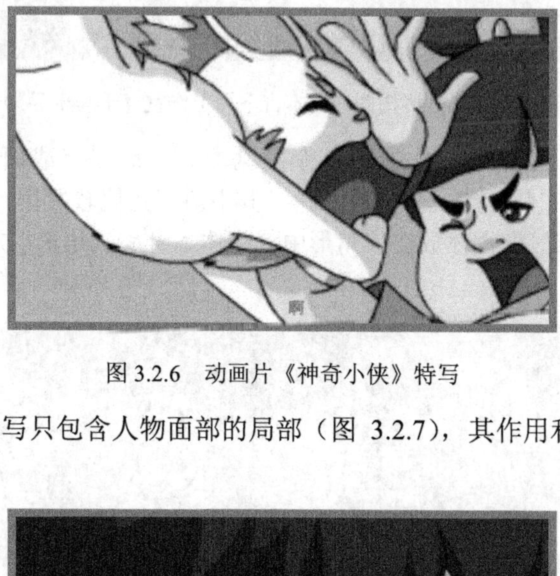

图 3.2.6　动画片《神奇小侠》特写

7）大特写。大特写只包含人物面部的局部（图 3.2.7），其作用和特写相同，只不过在视觉效果上更为强烈。

图 3.2.7　动画片《神奇小侠》大特写

2. 构图

构图是表现作品的主题和美感效果的一种重要手段，是视觉艺术常用的术语。动画分镜头中的构图是对镜头画面的一种设计，可以体现出导演和分镜师的创作风格。构图分为很多种类，下面结合经典动画片段加以说明。

构图

1）九宫格构图。九宫格构图是最基本的构图方式之一，它把画面的上、下、左、右 4 个边三等分，并用直线连接起来，形成一个“井”字，所以又称为井字构图（图 3.2.8）。“井”字的 4 个交叉点就是画面中心，是画面主体的最佳位置，属于黄金分割的一种形式。

图 3.2.8　九宫格构图（日本吉卜力工作室《千与千寻》）

2）三角形构图。三角形构图是以 3 个视觉中心，或三点成面的三角形来安排景物（图 3.2.9），可分为正三角、斜三角或倒三角。其中斜三角比较常用，也较为灵活，倒三角则可以突出紧张感。一般把物体放在三角形中或物体本身呈三角形形态。三角形构图稳定却又不失灵活。

图 3.2.9　三角形构图（日本吉卜力工作室《天空之城》）

3）圆形构图。圆形构图就是由圆形形成一个视觉中心，并把所要描述的画面主体放在其中，使观众在观赏作品时最先注意到这个位置（图 3.2.10）。

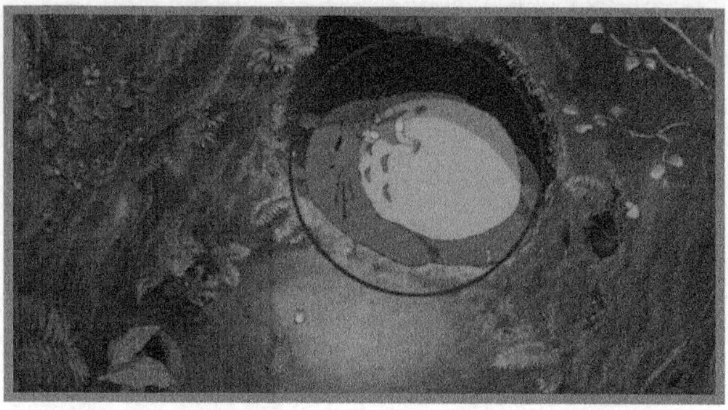

图 3.2.10 圆形构图（日本吉卜力工作室《龙猫》）

4）对角线构图。对角线构图属于引导类构图的一种，引导画面中的线条沿着对角线方向延伸，或者将主体放在画面的对角线上（图 3.2.11），普遍用于对角线角色、道具、建筑等场景。

图 3.2.11 对角线构图（日本吉卜力工作室《起风了》）

5）水平式构图。水平式构图中人物之间处于水平状态，给人以安定的感觉，多用于正常叙事（图 3.2.12）。

图 3.2.12 水平式构图（日本吉卜力工作室《千与千寻》）

6）中心式构图。这类构图通常主体明确，主体处于画面中心位置，四周景物起到引导视觉并聚焦的作用（图 3.2.13）。

图 3.2.13　中心式构图（日本吉卜力工作室《千与千寻》）

7）S 形构图。S 形构图优雅又富于变化，动感效果较强，常用于山川河流等画面（图 3.2.14）。在镜头表现上一般以远景俯拍为主，也可以用来表现较多的角色物体的排列变化。

图 3.2.14　S 形构图（日本吉卜力工作室《风之谷》）

镜头语言

3. 镜头语言

镜头语言是通过镜头像语言一样去表达出想法。镜头语言没有固定的规律，通常可以通过镜头感受到画面的变化，以及创作者想要表达的内容。对于镜头语言，有以下的画面处理技巧。

1）淡入：又称渐显镜头，指第一个镜头从没有到逐渐显现出来。

2）淡出：又称渐隐镜头，指镜头从正常的画面渐渐消失。画面的淡出，可以用于转场、表现梦境或回忆，让叙事和镜头的衔接更为流畅、自然。

3）入画：指角色进入到镜头画面中，可以分为上、下、左、右等多个方向。

4）出画：指角色从镜头画面中离开，可以分为上、下、左、右等多个方向。

5）叠化：指镜头前后画面各自并不消失，都留有部分在镜头上，通过叠在一起完成画面内容的更替。多用于表现人物联系，推动情节发展。

6）起幅：指片子开始的第一个画面。

7）落幅：指片子结束的最后一个画面。

8）定格：是指将动画中的某一画面，通过增加帧或时长，使其达到静止的效果。通常，动画、电影、电视中的画面都是以定格开始，由静变动，再由动变静到定格。完成整个片子的起幅落幅，即一部片子的开始到结束。

9）闪回：是表现人物内心活动的一种手法，一般是人物的回忆，即短暂地插入某一画面片段，用来表现人物心情的起伏，手法简洁、明快。

10）蒙太奇：法文 montage 的音译，原为装配、剪切之意。蒙太奇是镜头切换的常用手法，使用得当可以使创作和叙事更为流畅巧妙。一般分为叙事蒙太奇和表现蒙太奇，其中：前者又包括平行蒙太奇、交叉蒙太奇，主要以展现事件为宗旨；后者则是为了增加艺术及情绪感染力。

4. 镜头的种类

根据拍摄手法，镜头通常分为固定镜头和运动镜头。固定镜头即摄像机不动，人物走进画面进行表演，可以使观众注意到人物本身。固定镜头又分为以下几种。

镜头的种类

1）平视镜头：摄像机与被摄主体的视平线平行。通常用于角色对白和交谈。

2）仰视镜头：摄像机从低于被摄主体的位置往上拍摄的镜头。从低处往上看，可以增强视野中角色的气势。仰视镜头充满了紧张与压迫感，通常为了凸显目标主体的强大气场和威慑力。

3）俯视镜头：摄像机在被摄主体视平线之上。俯视镜头常用来表现有力量的一方看着弱小的一方，如大人看着小孩、上司看着下属等，营造出一种渺小、弱势的氛围。

4）鸟瞰镜头：是以在天空中飞翔的鸟类视角为镜头视角的摄像位置。通常用来表现壮观的城市、绵延的山川河流、一望无际的海面，使壮观辽阔的景象产生极具宏观意义的情感。

5）主观视角：以角色本身的视角去拍摄和叙述的镜头。可以直接目击、感受其他角色或场景，增强代入感，使观众犹如身临其境。

6）客观视角：从导演（也是观众）的视角出发来叙述的镜头称为客观视角。客观视角是从旁观者的角度来纯粹客观地叙述人物和情节的发展，主要用来交代、陈述和客观的记述。

7）空镜头：又称景物镜头，是指影片中作为自然景物或场面描写而不出现角色的镜头。

运动镜头是指摄像机在运动中拍摄的镜头，也叫移动镜头。运动镜头主要包含推拉、摇移、升降镜头，以及跟镜头、甩镜头、震动镜头、旋转镜头和变焦距推拉镜头等。

任务分析

实训目的：设计、绘制并分析动画分镜头脚本，完整、清晰地展现动画分镜头，使镜头连贯。

操作要求：结合剧本、人物设定及场景美术，绘制动画分镜头脚本。

技能点拨：巧妙地运用构图和镜头语言，可以使分镜头更连贯美观，让观众更有代入感。

任务实施

1. 阅读并分析动画分镜头脚本

制作分镜头脚本前首先要仔细阅读并理解剧本，研读剧本是创作分镜头脚本中的关键步骤。要一边对照剧本，一边结合需要用到的美术资料，才能在浏览剧本后有一个准确依据。下面运用学到的分镜头知识，结合《神奇小侠》剧本片段来完成一段动画分镜头脚本制作。

《神奇小侠》剧本片段

阳光从一棵大树缝隙中照出来（长镜头从仰视摇到俯视），穆童躺在树下，卡卡趴在他身边，草地上有蝴蝶在飞。

穆童的一双眼睛在炫目的阳光中缓缓睁开。

他站起来，无目的地往前走，卡卡跟在身后。

穆童自言自语："卡卡，这是哪里啊？"（水平场景分层）

首先要确定所绘制的这一段中出现的角色及场景。确定的角色有卡卡和穆童；确定的场景有白天场景下的田野和很多的树木。接下来根据镜头语言及相关知识，来完成分镜头脚本的解析与绘制，下列步骤中 Sc 代表镜头号。

2. 对于《神奇小侠》Sc-39 的解析与绘制（图 3.2.15）

对应剧本： 阳光从一棵大树缝隙中照出来（长镜头从仰视摇到俯视），穆童躺在树下，卡卡跟在他身边，草地上有蝴蝶在飞。

设计分析： 首先可以判断出这是一段对于环境的描写，可以用空镜头来展现。后面出现了对穆童及卡卡两个角色的描写，因此这场戏需要交代人物和场景之间的空间关系，方便观众明确角色的站位。

这段镜头采用了一个从上到下的摇镜，既展现了剧本中出现的场景，又交代了人物和场景的关系，同时也对下一镜头能更好地衔接和展开做好铺垫。

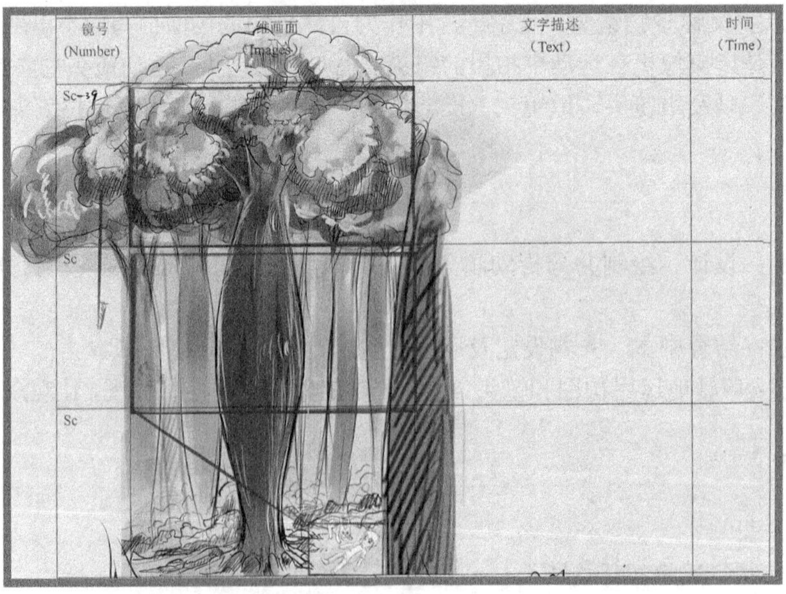

图 3.2.15　《神奇小侠》39 号镜头

3. 对于《神奇小侠》Sc-40 的解析与绘制（图 3.2.16）

对应剧本：穆童的一双眼睛在炫目的阳光中缓缓睁开。

设计分析：承接上一镜头，这个镜头主要以展现角色的表情动作为主。有两个角色的画面，为了避免构图拥挤，通常会使用中景，这样既能展现两个或多个角色，又可以留白。在绘制不同的镜头时，还要注意镜头及角色动作之间的连贯性。通常切换到下一镜头时，角色依然保持上一镜头的状态和动作，场景要随着景别的改变进行合理切换，且符合人物与场景之间的比例。

图 3.2.16　《神奇小侠》40 号镜头

4. 对于《神奇小侠》Sc-41 的解析与绘制（图 3.2.17）

对应剧本：他站起来，无目的地往前走，卡卡跟在身后。

设计分析：通过文字得知，穆童有一个起身的动作，同时还要连带出周围的场景。绘制过程中要注意镜头之间的连贯性，为了更好地展现全貌给出了一个全景。

“角色站起来”需要添加起身动作的指示符号，在创作时也要考虑到镜头的空间关系。为了避免镜头过于平淡，结合场景资料首先画出草丛作为前景，两个角色作为中景，背景中的树林作为后景。这样空间关系既立体明确，又能正常交代角色的走位及动作。在绘制镜头时还应注意镜头的美观。

图 3.2.17　《神奇小侠》41 号镜头

5. 对于《神奇小侠》Sc-42 的解析与绘制（图 3.2.18）

对应剧本：穆童自言自语：“卡卡，这是哪里啊？”

设计分析：通过文字可以得知角色对环境很陌生，说明周围的场景也要展现出来。前景是草丛和树林，两个角色的走位作为中景，背景是后面的树林。镜头生动地展现出森林中的空旷，有了这样的气氛，才能渲染出人物此时的迷茫和慌张。

图 3.2.18　《神奇小侠》42 号镜头

6. 镜头优化

当我们对绘制分镜头足够熟练后，在不打草稿的情况下也可以直接进行分镜头脚本的创作。前面学习了镜头的基础知识，下面结合《居家养老，畅享新生》中的片段，学习如何在已有脚本的基础上进行优化，让镜头看起来更生动。

《居家养老，畅享新生》剧本片段

上午　社区公园　老人与其他老人们

（画面跳转到小区公园）社区公园，环境优美，鸟语花香（鸟叫的配音），蝴蝶翩翩起舞。在社区公园里，主角老人和老人们在一起练习书法、跳舞、遛狗，其乐融融。

下午　社区体检中心　老人　养老中心工作者

老人走进社区体检中心（呈现社区体检中心的画面），医生为老人测血压，老人愉快地享受服务。

如何把平淡的剧本文字转换成精彩的镜头画面？这时就需要考虑使用不同角度的镜头。通常一句话为一个镜头，角色有大段文字对白时会切成多个镜头。

7. 对于《居家养老，畅享新生》8 号镜头的解析与绘制（图 3.2.19）

对应剧本：（画面跳转到小区公园）社区公园，环境优美，鸟语花香（鸟叫的配音），蝴蝶翩翩起舞。

设计分析：第一句文字主要描述环境，因此可以用全景来交代这一镜头。这是一个画得很详细的全景镜头，清楚地交代了居家养老政策下，老人所在社区公园的环境氛围。但是如果直接切入公园会比较突兀，观众会不明白这和居家养老政策的联系，所以先从公园的牌坊开始出镜，点出“居家养老”政策，然后镜头才摇向社区公园，让观众更容易接受画面信息。

图 3.2.19　《居家养老，畅享新生》8 号镜头

8. 《居家养老，畅享新生》9 号镜头的解析与绘制（图 3.2.20）

对应剧本：在社区公园里，主角老人和其他老人们在一起练习书法、跳舞、遛狗，其乐融融。

设计分析：根据剧本，可以判断出这是一个时间、空间都有跨度的镜头，镜头表现比较特殊不能用一般的镜头语言来表现。因此镜头设计了主角老人在不同时间、不同空间的四组不同活动，并将其同时放在一个镜头里展示，最大限度地表现了剧情。

图 3.2.20　《居家养老，畅享新生》9 号镜头

9.《居家养老，畅享新生》10 号镜头的解析与绘制（图 3.2.21）

对应剧本：老人走进社区体检中心。

设计分析：这个镜头是老人的背面中近景，可以看到老人进入体检中心的动作和体检中心的情况。用箭头表现老人运动特征和方向。

图 3.2.21　《居家养老，畅享新生》10 号镜头

10. 对于《居家养老，畅享新生》11 号镜头的解析与绘制（图 3.2.22）

对应剧本：医生为老人测血压，老人愉快地享受服务。

设计分析：这个镜头延续上一个镜头的景别，也是中近景。这个景别比较有亲和力，观众能看到角色的动作和表情也能看到周围环境的基本情况，比较适用于叙述性段落，表现具体剧情。

图 3.2.22　《居家养老，畅享新生》11 号镜头

有时在研读剧本后，也需要同时揣摩角色当时的心情，这样才能设身处地地刻画他们的神情和表演，使表演生动又有张力，不呆板也不做作，也使观众更有代入感。

从一些角色动作、神情、姿态等细微处着手去刻画，在不抢戏的前提下可以使剧情和画面更生动多彩。

技能提示

- 一些小的动作的改变会影响整个镜头的气氛。
- 绘制镜头的同时要注意镜头景别之间的连贯性，避免逻辑和轴线的错误。
- 有张力的表演和贴近生活的神态可以使分镜画面更生动。

知识拓展

一般剧本会同时出现文戏和武戏，应合理地运用不同角度和透视的镜头，让整个动画片节奏紧凑合理、有张有弛。镜头中出现的角色都应该有其作用，在设计镜头时应避免人物过多或缺失，造成无用功或信息遗漏。会用角色不同的姿态去展现剧情、突出主题。

任务小结

通过本任务的学习，归纳总结如下。

① 完整的动画分镜头，要考虑镜头的景别、构图及机位。

② 因为动画分镜头是整个动画片初期的展现，所以人物的动作神情以及镜头间一定要保持连贯性，并且符合逻辑。

课后练习

根据下面《神奇小侠》的剧本片段，制作出一段完整的分镜头脚本。要求如下。

① 符合剧本的逻辑及剧情。

② 注意人物与场景间的关系，以及镜头的连贯。

《神奇小侠》剧本片段

风“呼呼”地在穆童耳边吹过。

这是一个金黄色的世界，周围的空气像水晶墙一样在缓缓地流动。

穆童轻飘飘地飘浮着，他胆怯的脸上滚着汗，下意识地扭动着四肢，白虎在他身边变成了猫一样的小兽。

突然一阵晃动。

穆童的身体开始了剧烈旋转：“啊!”

穆童的身体像一团旋风越转越快，向画面深处转去。（强光白屏）

项目 4

角色造型设计与制作

在动画片中角色不仅仅是一个形象，更是一个富有个性、能够演绎精彩故事的演员。因此，角色设计也不是单纯的形象设计，而是一套完整的角色演绎设计，包括角色转面、角色动势、角色表情等设计。

学习目标

- 掌握动画角色设计的基本流程。
- 掌握动画角色设计的方法。
- 能够根据剧本独立设计角色。

素养目标

- 培养学生小组合作、自主探究的能力。
- 培养学生自我激励、自我展示、勇于尝试的精神。
- 通过男性和女性角色的中国传统服饰设计，培养学生对传统文化的了解，增强学生的文化自信。

任务 4.1 男性角色造型设计与制作

任务介绍

在本任务中，需要根据之前完成的剧本进行男性角色造型设计与制作。制作要求通过自己对剧本的理解与分析，完成对男性角色“穆童”的设计与制作。通过对本任务的学习，掌握男性角色造型设计与制作的方法，了解设计与制作的流程。

相关知识

1. 分析剧本与设计角色造型

塑造人物角色需要从剧本角度分析动画人物，找出剧本所描述该人物的性格特点、外形特征，才能设计出符合剧本风格的角色。

以原创动画片《不一样的闹剧》为例，动画剧本中对主角的描述如下。

主角小猪，是个平时看起来胆子不大但是在关键时刻又有着巨大勇气的少年，其个性认真，做事循规蹈矩，日常负责打理一个小剧场。

从剧本分析，角色特征似乎很多，但是作为一个合格设计师要懂取舍，在设计上要有选择性地抓住角色的几个重要特征。

1）主角是拟人化的小猪形象；

2）主角看起来要显得可爱、乖巧；

3）主角的服装要体现管理职业的特点。

由此就可以轻松且明确地设计出小猪造型，如图 4.1.1 所示。

图 4.1.1　小猪造型

2. Animate CC 的绘画工具

（1）画笔

使用画笔工具（或按 B 键）可以通过设置笔刷的形状和角度等参数来自定义画笔。通过定制画笔工具来满足绘图需要，可以在项目中创建更为自然的作品。选中工具箱中的画笔工具后，便可通过属性监视器选择、编辑及创建一个自定义画笔，如图 4.1.2 所示。

Animate CC 的绘画工具

图 4.1.2　画笔工具

（2）铅笔

使用铅笔工具（或按 Shift+Y 组合键）可以绘制和编辑自由线段，如图 4.1.3 所示。

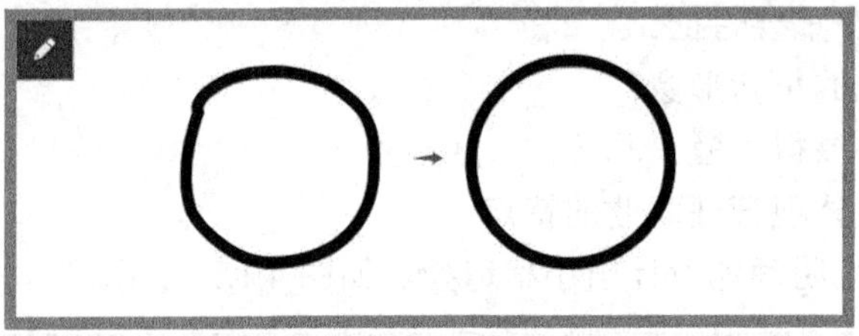

图 4.1.3　铅笔工具

（3）线条

使用线条工具（或按 N 键）绘制并调整成想要的形状，如图 4.1.4 所示。

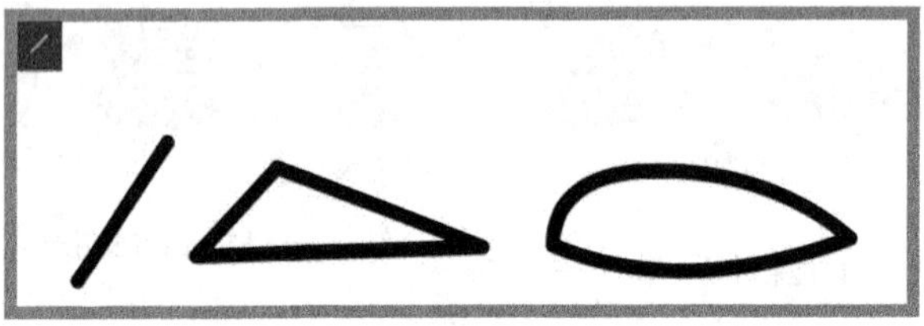

图 4.1.4　线条工具

（4）钢笔

使用钢笔工具（或按 P 键）可以绘制直线和曲线，从而创建对象，如图 4.1.5 所示。

图 4.1.5　钢笔工具

（5）矩形

使用矩形工具（或按 R 键）可以绘制矩形，如图 4.1.6 所示。

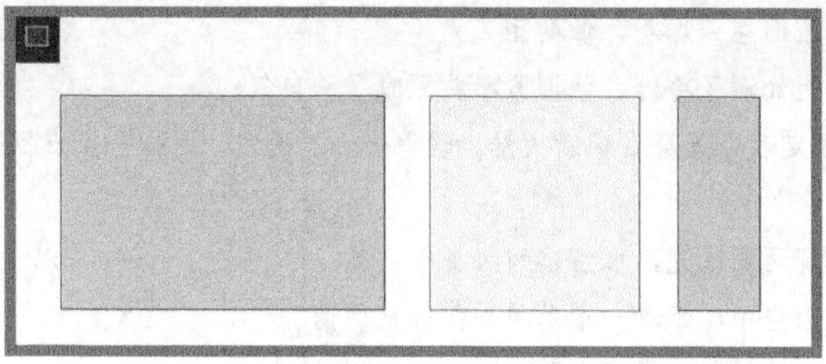

图 4.1.6　矩形工具

（6）椭圆

使用椭圆工具（或按 O 键）可以绘制圆和椭圆，如图 4.1.7 所示。

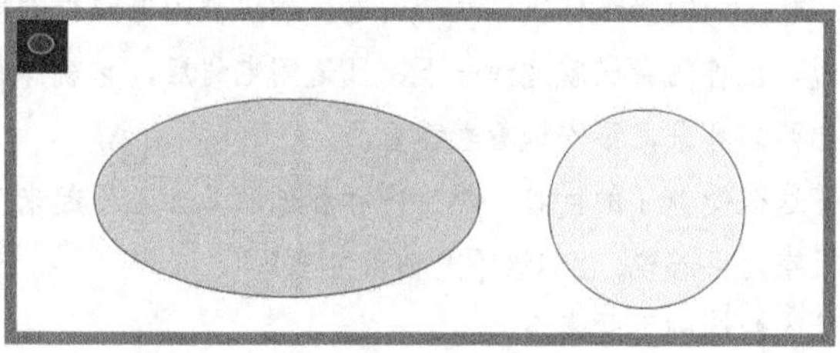

图 4.1.7　椭圆工具

任务分析

实训目的：了解怎样结合剧本，独立完成剧本中男性角色“穆童”的造型设计；结合 Animate CC 软件制作角色。

操作要求：符合剧本人物形象，使对象有相应形象特征、标志动作及表情。

技能点拨：了解物体立体感的表现方法，根据光源的位置确定物体的 3 个面，即亮面、灰面和暗面。在 Animate CC 软件中，舞台不能直接填充颜色，需要先绘制形状后再填充颜色。

任务实施

1. 阅读剧本

阅读以下《神奇小侠》的剧本片段。

《神奇小侠》剧本片段

穆童刚走进山洞几步，突然发现山洞里隐约出现了两团绿光，在漆黑的山洞里面闪烁着。

穆童对着绿光大声说：“别装神弄鬼的，快出来！”

那两团绿光依旧在闪烁着，像两团鬼火。

穆童的额头上沁满了冷汗，他握紧拳头深吸了一口气。

穆童："说不定我今天会发现新大陆！嘿嘿……"说完，用脚一点点探着路，去靠近那两团绿光。

穆童靠近了那两团绿光，准备凑过去探个究竟。

绿光突然跃上空中，带着一道劲风冲向穆童面前。

一只似虎非虎的巨兽从黑暗中跳出。

穆童："啊，怪物啊！"

巨兽围着穆童在洞口处绕起了圈子。

穆童一屁股坐在地上，不知所措。

突然天上"咔、咔……"接连劈出了几道闪电，洞口被闪电映得通明如白昼。

每一道闪电划过，巨兽的身子就蜷缩一下，几道闪电过后，它就浑身颤抖起来。

巨兽惊恐地竖起两只耳朵，不安地看着穆童。

穆童惊奇地看着这个受惊了的巨兽，然后慢吞吞地从地上站了起来。

穆童用手指着天空对巨兽说："你该不是怕雷电吧？"

巨兽脸上露出让人怜悯的可爱表情。

穆童说完后，双手拍起了巴掌，双腿小跳着并学着闪电的声音模仿起来："咔咔，咔咔……"

巨兽惊恐地看着穆童，身子随着穆童的模仿越缩越小。

穆童大笑起来，小手不停地拍着巴掌："哈哈，你害怕起来还真像可怜的小猫咪。"

缩小的兽突然从地上一跃到了空中，双眼闪光，又换了一副凶狠狠的样子，张开嘴，用两只爪子朝穆童抓来。

"吼……"

穆童紧闭双眼，双手乱舞："不要……不要啊……"

2. 人物角色性格分析

性格是指人在对人、对事的态度和行为方式中所表现出来的心理特点。人物性格多从语言和行为方面去进行分析。表 4.1.1 是根据上述剧本片段分析得出的角色性格表，包含了角色的性别、年龄、性格等特征，这些信息有助于我们进行角色设计。

表 4.1.1　角色性格表

角色名称	性别	年龄	性格	备注
穆童	男	孩童	天真好奇，胆大调皮	

这个案例中选择穆童作为绘制对象，首先从语言和行为两个维度来分析穆童这个角色的性格特征。

1）人物语言。语言描写是通过人物的语言，表现人物思想、精神境界、心理活动以刻画人物性格特点和心理活动。在上述剧本片段中，穆童的所有语言可以表现出他是个天真好奇的孩子。

2）人物行为。人物的肢体动作最能直观地表现出人物当下的心理活动和生活习惯。剧本中，穆童发现山洞中的绿光后没有选择转身离开而是发出叫喊后向绿光走去，这里不难看出他是个好奇心重且胆大的孩子；当穆童发现巨兽害怕闪电却模仿闪电声音对巨兽恶作剧时，可以看出他胆大、喜欢恶作剧而又带些孩子气的调皮性格。

3. 角色整体设计

穆童整体设计

（1）设计分析

1）风格。根据故事主题确定作品风格。角色设计既要符合剧本设定，又要个性鲜明独特。从剧本故事中可以看出，这是个轻松愉快的儿童故事，受众群体是小朋友，所以创作上的整体风格应该更偏向卡通化。

2）色调。穆童是个胆大、喜欢恶作剧而又调皮的小男孩，他的服饰特点可通过采用饱和度和明度高的色彩搭配、儿童化的服装款式来表现，这样更符合人物性格和设计逻辑。

3）外形。根据前面的人物角色性格分析，穆童是一个天真、好奇、胆大而又调皮的孩童。因为性格比较天真，在设计脸型时会更偏向圆脸，突显孩童的特点。头发设计得比较蓬松，多而密，呈向上翘的状态，突显孩童的活泼与生机。眼睛圆圆的，可以给人一种天真无邪的感觉。

（2）定头身比例

用简单的线条概括出穆童的人体结构和基本姿势。因为穆童的年龄定位是一个小学生，所以在身高上采用了 4 头身的比例，如图 4.1.8 所示。

（3）设计发型和服装

大体的比例和基本人体结构勾画出来后，就可以在此基础上进一步细化地设计穆童的发型、五官和服装，如图 4.1.9 所示。服饰也是基于他的性格特点而特意设计，上身为 T 恤加短袖外套，下身为牛仔裤和休闲鞋。

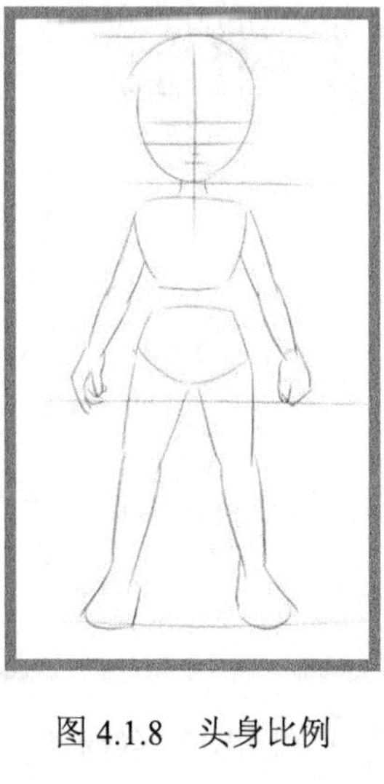

图 4.1.8　头身比例

图 4.1.9　细化外形

值得注意的是，草图绘制的线条不需要太精细，如果觉得有地方画错了需要重画，不需要擦掉错误线条或者删除图层，可以把这个图层的透明度调低，然后在上面新建一个图层把它盖住，在新建的图层上继续绘画，如图 4.1.10 所示。

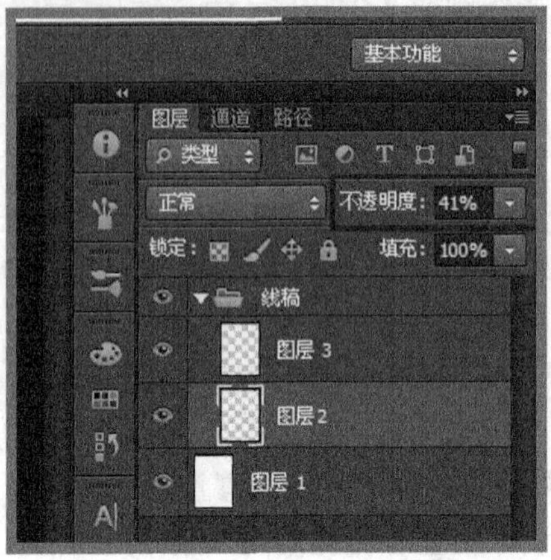

图 4.1.10 调节图层透明度

（4）完成草稿

草稿需要绘制清晰的造型轮廓，体现完整的五官，以便后续可以导入 Animate CC 轻松描绘线稿，如图 4.1.11 所示。

（5）勾线

先将线稿导入 Animate CC 中，然后使用线条工具进行勾线，如图 4.1.12 所示。

图 4.1.11 完成草稿

图 4.1.12 勾线

（6）分组

为了方便修改与制作动画，勾线后要根据角色的身体构造和前后空间关系进行分组。例如，为了让手能够运动，可将手臂分为上臂、前臂、手 3 个组，身体其他部分基本都按照这种分类方式进行分组，如图 4.1.13 所示。脸部分组如图 4.1.14 所示。

图 4.1.13　角色分组

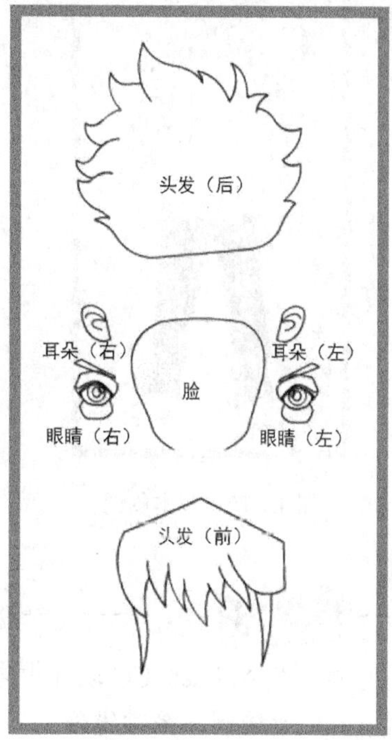

图 4.1.14　脸部分组

（7）上色

根据穆童的角色性格设定，可以把他头发的颜色设定为褐色，这样既不会显得太死板（如黑色），又不会太跳脱（如绿色、蓝色等鲜艳的颜色）。外套设定为黄色，裤子是牛仔裤的蓝色，会让他有一种阳光小少年的感觉，鞋子与 T 恤为白色，达成整体色彩的协调，如图 4.1.15 所示。

（8）设定光源方向

角色设计中一般设定光源方向为左上方，因为这个方向最常见，看着最自然。使用红色或者蓝色等鲜艳的颜色线条，沿着角色的明暗交界线进行分色，如图 4.1.16 所示。

（9）添加暗部色彩

暗部色彩不能直接吸取亮部色彩后降低明暗度，而应在此基础上，往其他色系稍微偏移，这样的暗部色彩会显得漂亮很多，整体色调也相对丰富起来。

（10）完成男性角色设计

角色设计最终效果如图 4.1.17 所示。

图 4.1.15　基本色调

图 4.1.16　明暗刻画

图 4.1.17　最终效果

技能提示

- 在 Animate CC 软件中可以使用 Ctrl 键在线条工具和选择工具间进行自由切换，便于绘制、编辑线条。
- 要想快捷键能有效使用，须关闭输入法。

知识拓展

《动画师生存手册》这本书可以帮助大家更好地了解人物角色动势。该书由曾获奥斯卡奖的迪士尼著名动画导演理查德•威廉姆斯编著，是一本深入解析动画绘制技巧的权威动画教材。全书深入讲解了以迪士尼动画为代表的西方经典动画的创作原则、制作规律及表现技巧，是迪士尼动画几十年制作经验和表现技巧的系统总结。

任务小结

通过本任务的学习，归纳总结如下。

① 男性角色设计要结合剧本分析角色的特征才能够创作出符合剧情的角色形象。

② 男性角色设计中，不仅要设计造型，更要思考怎样才能把人物的个性表现得更鲜明，如设计表情、对比鲜明的服饰等。

③ 使用绘图软件绘制角色造型草稿，然后将草稿导入 Animate CC 中，使用线条工具、填充工具等进行勾线、上色、设定光源、添加暗部色彩，最终完成角色制作。

课后练习

请尝试对以下剧本片段中的“小胖”这一角色进行造型设计与制作。要求如下。

① 绘制前对该角色进行性格分析。

② 创作出人物三视图进行说明。

《神奇小侠》剧本片段

穆童闭着眼睛，挥舞着双手：“不要……不要啊。”一本漫画书《杨家将》滚落在身旁。

穆童的同学小胖凑过来推着穆童：“老大，你怎么了？”

穆童醒来坐起：“唉！又做了那个奇怪的梦。”

小胖：“不会又是什么神秘山洞吧！哎，里面有好吃的吗？”

穆童推了小胖一下：“除了吃之外，你的人生还有追求没有？对了，我们怎么睡在这里？”

小胖：“老大你不会失忆了吧！我们学校组织夏令营，要野营三天呢！”

穆童挠挠头。

小胖打了个大大的哈欠：“早点睡吧！明天还要爬山呢！”说完，躺下打起了呼噜。

穆童刚想躺下，突然帐篷外一道亮光闪过。

穆童从毯子上翻身坐了起来，猫着腰掀开了帐篷的一角，周围是耸立着的一个个小帐篷，天上繁星闪烁，不远处一道蓝光向树林中飞去，穆童眼睛一亮。

他转身来到小胖面前，小胖正在酣睡，发出“呼呼噜噜”的声音。

穆童轻轻推了推小胖：“包子，起来，起来，我看到好玩的东西了。”

小胖在蒙眬中推了推穆童的手臂，嘴里含糊不清：“我，我的汉堡，我要吃汉堡……”

穆童伸手从背包里取出了一支彩色蜡笔，一脸坏笑地在小胖额头上涂抹着。

一个很可爱的大包子画在了小胖的额头上。

穆童看着小胖脸上自己的杰作，偷笑：“你吃你的汉堡吧，我自己去。”

穆童收起蜡笔，又蹑手蹑脚地从帐篷里钻出了半个身子。

任务 4.2　女性角色造型设计与制作

任务介绍

在本任务中，需要设计并制作一位女性角色造型，要求通过自己对于剧本以及角色小传的理解，完成女性角色设计，掌握女性角色造型设计与制作的方法。

相关知识

1. 不同性别角色的造型表达差异

人体的大部分动作是由四肢相互配合完成的。动画角色设计中通过四肢和躯体动作的配合，能产生多种姿态。突显男性角色肌肉强健粗壮的动作有跑、跳、投掷等；突显女性角色柔和灵活的动作有传递、瞄准等。这些动作差异显示出性别特征，而这些性别特征又更加突出动画角色的动作动态，两者相互影响。

在人类社会发展的历程中，男性多是力量和活力的代表，女性多是柔美和魅力的代表。深受这种文化的影响，动画角色设计中的男性大部分拥有宽阔的肩膀、结实的肌肉和钢铁般的身体，男性的站姿也充满阳刚之气；女性则拥有更加修长的身材，腿和头的比例可以达到1∶9或更多，目的是突出女性的线条。下面以A型站姿的动作为例来分析性别差异。

图4.2.1所示为男性的A型站姿剪影，呈现出一种男性坚毅的性格特征。除了结实的肌肉外，男性角色要么双拳紧握，要么手握兵器，显得好斗，不好接近，呈现出警惕或随时准备战斗的状态。

图4.2.2所示为女性的A型站姿剪影，表现出女性的体态和性感。双腿微分，双脚牢牢踏着地面站立，既放松又平衡，上肢要么叉腰，要么在空中摆出漂亮的姿势。

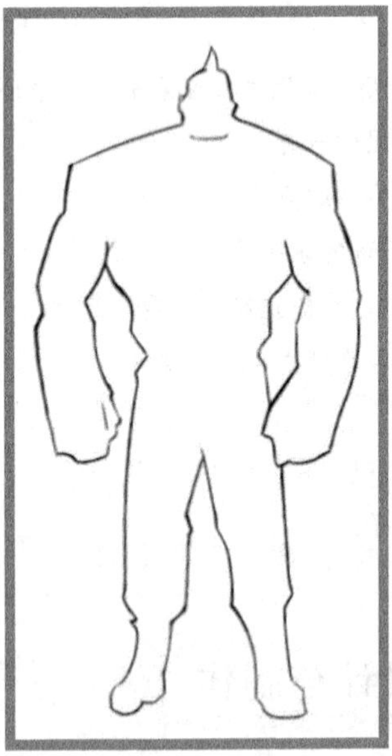

图4.2.1 男性的A型站姿剪影

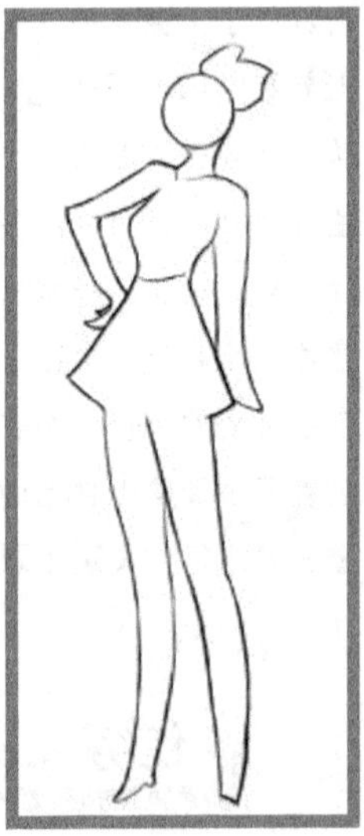

图4.2.2 女性的A型站姿剪影

从剪影上看，男性的A型站姿突出了角色人物的直线体形和阳刚气质，充满力量；女性的A型站姿突出的是曲线体形和柔美气质。

2. 角色的局部夸张表现

夸张手法在很多种类的艺术表现中经常被使用，是非常重要的艺术表现语言。在动画角色设计中，夸张主要体现在造型形态和比例方面，首先要了解剧情和角色定位，包括性格定位、心理定位和行为定位。例如，原创动画片《床母》中，奶奶夸张放大的头部和眯成一条缝的眼睛，表现出奶奶温柔、慈祥的性格特征，这和她怀中的宝宝形成了年龄和行为状态的鲜明对比，如图 4.2.3 所示。

图 4.2.3　角色的夸张

任务分析

实训目的： 了解怎样结合剧本，独立完成节选剧本中“杨排风”的女性角色设计。

操作要求： 使对象有相应形象特征、标志动作及表情。能够移动对象位置，对移动路径做出调整。符合剧本人物形象。

技能点拨： 区分男性与女性角色的差异。在设计女性角色时，可在造型比例、人物表情及配色上增加女性独有的特性。注意身体造型线条的柔美与流畅。

任务实施

1. 阅读剧本

阅读以下《神奇小侠》的剧本片段。

《神奇小侠》剧本片段

穆童弯腰去抚摸卡卡。

一个身影从树丛尖“嗖”地一声腾空翻越，像陀螺一般旋转，脚底一阵清风，从一棵树踩到另一棵树上，树叶随风摇晃。身后一棵树上鸟巢里的鸟儿惊慌失措扑打着翅膀四处飞逃。

穆童眼前一亮，看着这个身影："哇，轻功!"

"嗖嗖"挥舞棍棒的声音再次响起。

树丛中蹿出一身着古装的女孩，很机灵的模样，双眼警惕地两边张望（杨排风）。

杨排风拍了拍双手得意地晃着脑袋："想追上我？还早着呢。"

穆童瞪大双眼，走上前去，对女孩说："你不是4年3班的杨枫吗，穿成这样干什么啊？"

卡卡一跃跳上了穆童的肩膀。

杨排风拍拍尘土，用衣袖拭了拭棍子，很奇怪地看着眼前的穆童。

穆童嘻哈着说："包子呢，老师呢，夏令营还搞 COSPALY 啊!"穆童一边说着，一边去靠近杨排风。

杨排风挥舞着棍子挡在了穆童前面："你是谁？不要过来!"

穆童："暴力女，你玩真的啊，还拿了武器!"

杨排风再一次扬起手中的棍子："从实招来，你是何许人也？"

穆童两掌竖在耳边做恶搞状："暴力女，我是穆童啊。"

杨排风气鼓鼓地撅起嘴："你……你……"

一道声音传来："杨排风！再跑我就不客气了。"

潘虎双手舞动着鞭子从树林的另一端跑了过来，身后的树叶犹如水花四溅，哗啦啦地降落地面。他手上的软鞭像一条蛇一般旋动带起火花，锋利无比。

杨排风表情惊慌失措地看着穆童："不好！都怪你挡了我的路!"

穆童兴奋地冲到了潘虎面前，两个嘴角咧着："包子，你这身行头真不赖!"

卡卡因为穆童的兴奋冲动，从肩膀上一屁股摔在地上翻了几圈，脑袋上金星飞转，不停地摆弄着爪子。

2. 人物角色性格分析

表 4.2.1 是根据上述剧本分析得出的角色性格表，包含了性别、年龄、性格等特征，有助于进行角色设计。

表 4.2.1 角色性格表

角色名称	性别	年龄	性格	备注
杨排风	女	孩童	聪明活泼，灵动自信	会武功，用武器

本案例选择杨排风作为绘制对象，首先从语言和行为两个维度来分析这个角色的性格特征。

人物语言：从剧本中杨排风所说的话中可以看出，杨排风是个聪明、活泼、勇敢的女孩。

人物行为：剧本里的杨排风被人追赶却拍拍手得意地晃着脑袋，可以看出她身体灵活、性格乐观自信，带着些不输男子的英气。

3. 角色整体设计

杨排风整体设计

（1）设计分析

根据前面的人物性格分析和剧本情节可以看出杨排风是一个带有一丝英气、身手敏捷且聪明、乐观又自信的少女，这些特征都要在造型设计中有所表现。考虑到受众群体，在角色造型上采用 Q 版的少儿身材的 4 头身比例，为突出男性和女性的差别，在身体线条上表现要更加柔和。发型服饰的款式根据剧本设定的时代进行设计。

（2）设定人物特点

角色表情设定：人物表情应该贴合人物性格，杨排风作为一个活泼的女孩，表情上应该增加夸张的成分，带有一些狡黠，突出人物的性格特点。

角色动作设定：人物的动作能直接反映出人物的心理活动和生活习惯，对于杨排风这样一个女孩来说，女性化的肢体动作、男子气的行为、带有武术特点的举动（如轻功、挥舞棍子）都是在动作设定中需要表现的。

角色造型设定：杨排风灵动活泼，在发型设计中可以考虑通过发饰来增加人物的灵动性，如发带、头绳等。眼睛应圆润，带有儿童特色，睫毛修长与男性角色区分开。

根据前面的人物角色性格分析，杨排风是一个聪明勇敢、活泼灵动、步伐轻盈的孩童。为了突显其灵动特点，在头部绑上飘逸的发饰。修长的双腿及手臂，身体线条柔美化彰显女性独有的特点。双眼向斜上方挑增加女性的魅力，嘴巴微张表情生动形象。

（3）定头身比例

杨排风作为一个孩童角色，可以将头画得大些，显得可爱灵动，因此身高比例确定为 4 头身，如图 4.2.4 所示。

（4）设计发型和服装

因为杨排风是杨家将天波府里的烧火小丫头，所以可把她的发型设计成包包头的样式，这样既可爱又比较符合她的身份，如图 4.2.5 所示。服饰设计得比较简单，上衣是半臂襦衫和外穿的抹胸，腰部扎腰带，下身长裤，鞋子则设计成绣花鞋的样式，上面点缀绒球。

（5）绘制线稿

绘制线稿时可以进一步丰富角色的细节，比如给角色的衣服加上花边、增加手的姿态等，如图 4.2.6 所示。

（6）勾线

线稿描绘好后，首先将线稿导入 Animate CC 中，然后使用线条工具进行勾线，如图 4.2.7 所示。其分组方式与任务 4.1 的男性角色设计一致，这里不再赘述，如图 4.2.8 所示。

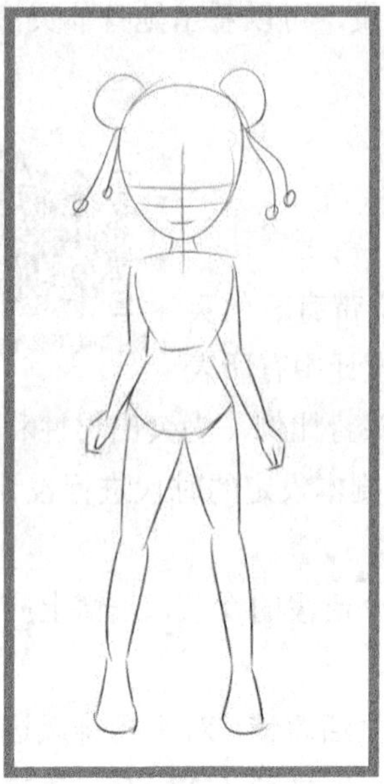

图 4.2.4　头身比例图

图 4.2.5　发型和服装

图 4.2.6　绘制线稿

图 4.2.7　勾线

图 4.2.8　分组

（7）上色

宋朝女性服饰颜色以白色为主，其他也有浅红、浅青等。裙裤也比较瘦短，颜色以青色、白色最为普遍。这里以白色和蓝色为服饰的主体颜色，再点缀粉红色，如图 4.2.9 所示。

图 4.2.9　上色

（8）设定光源方向

由于同一个剧本的角色会放在一起展示，因此和任务 4.1 的男性角色设计一样，光源方向设定为左上方。使用蓝色的线条沿着角色的明暗交界线进行分色，如图 4.2.10 所示。

图 4.2.10　分色

（9）填充暗部色彩并完成设计

暗部的颜色尽量不要太灰暗，否则会显得颜色不够通透、干净，特别是女性的角色暗部色彩更是如此。完整女性角色设计最终效果图如图 4.2.11 所示。

图 4.2.11　最终效果图

技 能 提 示

- 在 Animate CC 中要选择多根线条，可在按住 Shift 键的同时选择线条。
- 角色分色时要重点注意衣服、领口之类有投影的部位，不要错漏。

任务小结

通过本任务的学习，归纳总结如下。

① 女性角色设计首先要结合剧本分析角色的特征。

② 要掌握女性人物特点设计出基础造型。

③ 女性角色设计中不仅只有基础造型的设计，更要思考怎样才能把人物的个性表现得鲜明而又富于特色，如夸张的表情和动势、鲜明对比的服饰等。

④ 女性角色制作与男性基本相同，使用绘图软件绘制角色造型线稿，然后线稿导入 Animate CC 中，进行勾线、上色等步骤最终完成角色制作。

课后练习

请对以下剧本中“小玲”这一角色进行造型设计与制作。要求：设计并绘制角色三视图。

剧 本 片 段

（特写）桌上的闹钟突然响了起来。

一只手从被窝里伸了出来，把闹钟按停下了，手又缩回了被子里。

手缩回去的时候，一些放在桌子上的飞行模型杂志、照片等落在地上。

（摇镜头）

房间的墙上贴着飞机模型的图纸，桌上有做了一半的飞机模型，在床头还挂着一顶有些旧了的飞行帽。

（SE：广播操，自行车的铃声，四川话的叫卖声）

“吱呀”一声，门开了一条缝。

小狗小星星从门缝里溜了进来。

它在床脚到处嗅了嗅，将一只袜子从床脚叼了出来。

小星星从床下一跳，跳到了床上，钻到了被子里。

被子里立刻起伏动了起来，里面传来一个男孩“咯咯”的笑声。

小玲：“哈哈哈……小星星，别闹了！……哈哈哈”

被子突然被全掀开了，小星星正趴在小玲身上，不停地用舌头舔小玲的脸。

SE：楼下传来小玲奶奶的声音：“小玲！快起来了！要迟到了！”

小玲的头发蓬松，他随手抓了两下，答应了一声：“就来啦！”

小玲趴到窗口，往楼下看去。

小星星又调皮地趴在了小玲的肩膀上，也跟着朝下看去。

任务 4.3　角色姿态设计与制作

任务介绍

本任务需要完成角色姿态设计与制作，通过对角色的设计以及对角色、剧本的理解，完成角色姿态设计与制作。学习角色姿态设计与制作方法，掌握角色姿态设计与制作流程。通过本任务的学习后能够独立完成角色姿态设计与制作。

相关知识

1. 角色姿态的重心

（1）重心的位置和确定方法

人体重心位于身体各部分受力的合力点，一般来说，腰胯相连处是人体重心所在，是人体平衡的关键部位，如图 4.3.1 所示。

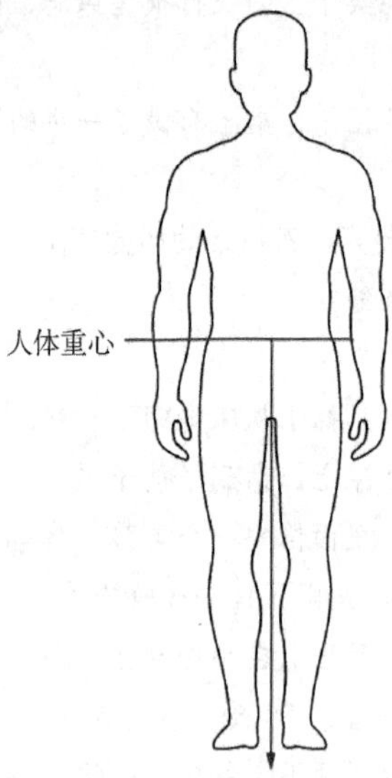

图 4.3.1　人体重心

重心位置会随着角色姿态的不同而改变，如图 4.3.2 所示。虽然姿态不同，但是判断重心的方式都是基于脚的受力点和腰胯部位相连来确定。

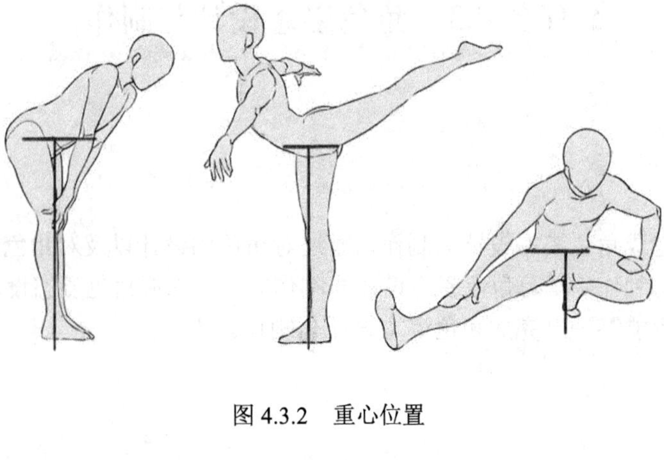

图 4.3.2　重心位置

（2）重心的稳定

角色的身体由多个部位构成，每个部位都可能有各自不同的位移、旋转，以摆出特定的姿态。所有部位最终呈现的集体重心应该在角色的双足之间，即角色的重心不应超出与地面之间的受力范围，一旦违反这个规律，给观众的感觉就是角色失去了平衡，将要跌倒。

在把握人物重心时，要注意从多个视图进行综合调节。如图 4.3.3 所示，无论从正面还是侧面的任何一个角度来观察人物姿态，都要保证角色的重心绝对落在两足的受力范围内。

图 4.3.3　重心的稳定

（3）重心的偏移

对稳定性比较强的姿态，需让重心保持在受力的范围内。为了更好地表达角色运动瞬间的姿态，可以合理运用重心的偏移，让观众看到运动、静止的瞬间姿态，给观众一种动势感。因此，在运动中要善于利用重心的偏移，让动作更加具有动态感觉。例如，图 4.3.4 所示的《不一样的闹剧》里小狗的奔跑姿态，根据重心的偏移方向可以解读出小狗的运动方向。

图 4.3.4　《不一样的闹剧》里小狗的奔跑姿态

2. 透视线的运用

透视线最基础的就是视平线（或地平线），视平线往下看到的面是顶面；视平线往上看到的面是底面，如图 4.3.5 所示。一般设计角色时，胸口位置和视平线平齐，仰视头部，有时可以看到下巴底面，但无法完整看到头顶装饰；俯视脚部，可以看到脚的顶面，完整展示鞋面装饰。

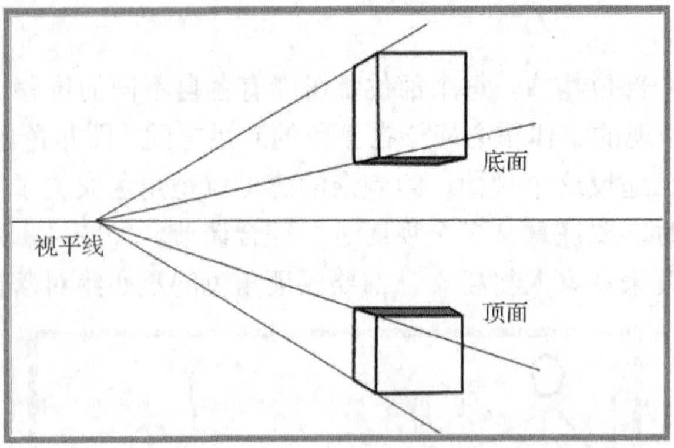

图 4.3.5　透视线

3. 动作的动态差异表达

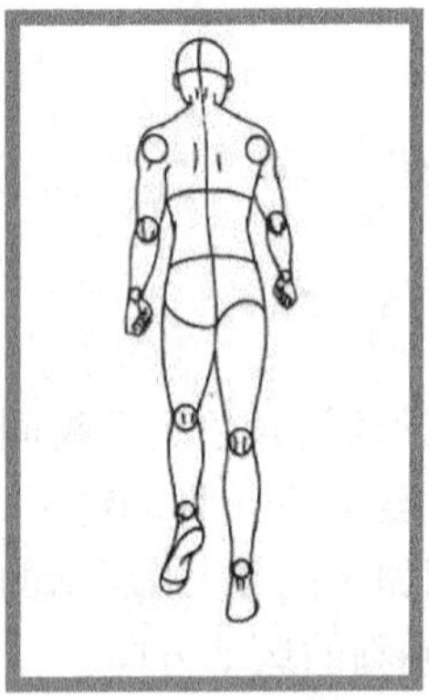

图 4.3.6　男性走路姿势

在动态的动画角色形象中，人物的肢体语言动作会被有意夸张，夸张的动作可以使我们更准确地分辨角色的性别。下面以男性和女性的走姿来分析他们的动态差异。

1）男性。从背后走路的姿态上看，男性走动的步幅及手臂摆动幅度较大，大幅甩动双臂更有力量感。男性角色走路时，臀部扭动的幅度不大，脊柱基本保持一条直线，双手自然下垂，肢体语言较为单一，表达的含义准确、简洁，如图 4.3.6 所示。

2）女性。女性走动时，步幅比男性小，手臂摆动幅度不大，臀部扭动明显。女性在走路时的姿态比男性放松，双手虽然自然下垂，但有起伏变化，显得轻松自然又不失灵动活泼。另外，女性角色人物在心情愉快时，可增大手的动作幅度，将头部略倾斜，身体略呈弧形，具有突显人物可爱的作用，如图 4.3.7 所示。

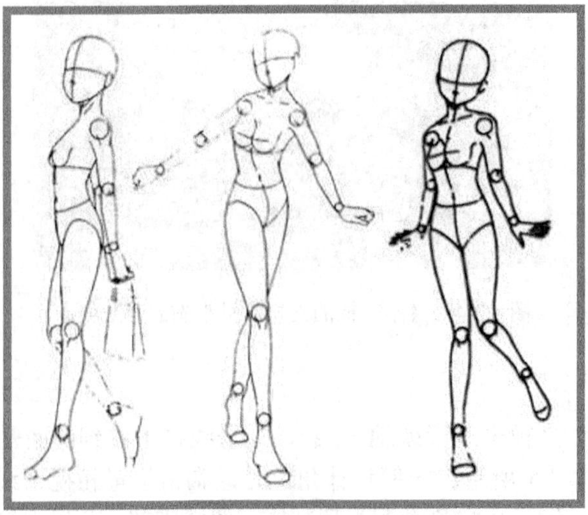

图 4.3.7　女性走路姿势

通过比较可以看出，男性角色人物和女性角色人物走路时最大的差别在于上肢动作的变化和腰、臀扭动的幅度变化，男性的变化小而女性的变化大。

任务分析

实训目的：根据自己设计的人物，独立完成角色姿态设定。

操作要求：角色动态造型设计生动自然，符合人物角色设定，造型风格统一，保持角色特征身体结构透视的准确性。

技能点拨：在设计造型时，可以运用缩短、拉长和变形等手法，动作设计中考虑动作的整体性，准确运用动态线，保证动作的准确性。注意在设计人物姿态时，要结合角色的运动规律，运用人体重心使其表现得更突出、更真实，更好地为剧情服务。在人物动作设计中性格是动作突出的重点。

任务实施

1. 分析影响角色姿态造型的因素

（1）故事情节的发展因素

故事情节的发展是动画形成的唯一的主线，从这个主旨出发，来进行人物表演，揣测人物的内心。结合前面的学习分析，动画人物杨排风是一个聪明勇敢、活泼灵动、步伐轻盈的孩童，她会武功的特点尤为突出，所以在姿态设计上腾空飞（会轻功）、奔跑等动作偏多，如图 4.3.8 所示。

图 4.3.8　杨排风奔跑的姿态

（2）角色的性格因素

角色都有性格的差异，不同的角色有适合自己性格的一套动作。例如，当角色害羞时，除了面部表情外，在肢体动作上会表现出低头、双手抱胸等姿态，如图 4.3.9 所示。杨排风性格活泼，在设计她的姿态时，动态幅度可适度夸张，体现角色人物的特点。

图 4.3.9　肢体动作

2. 分析人物特点

通过前面的学习可知如何进行角色设计，这里以剧本中的杨排风为例为大家展示角色的姿态设计步骤（仅供参考）。

浏览表 4.2.1，复习角色的性格特征，由杨排风的性格备注，抓住杨排风的人物特点：会轻功、动作轻盈敏捷、会使用武器。在这里可以为她设计一个在空中使用轻功的姿态。

3. 根据角色设定完成角色姿态设计与制作

杨排风姿态设计与制作

（1）绘制视平线

在 Animate CC 中新建一块 1920px×1080px 的舞台，导入杨排风的设计图。参考人物的角色设计，掌握人物的比例和特点。如图 4.3.10 所示，画带有透视功能的动态动作时，先画出一根视平线来作为人物透视的参考。

图 4.3.10　视平线

（2）绘制姿态草图

快速地把自己脑海中想象的有关表现杨排风轻功的姿态，用草图的方式画出来。如图 4.3.11 所示，画了一个拿着武器，向上跳跃的侠女形象，她右手拿着武器（暂时不绘制武器），放在身体靠后的位置，为了保持平衡，左腿抬起，右腿伸直，给人一种腾空的感觉。

图 4.3.11　姿态草图

（3）画出透视线

画好大概姿态后，需要透视线辅助体现角色的空间感。透视线从视平线开始延展，根据姿态所展现的大致透视角度画出来，如图 4.3.12 所示。

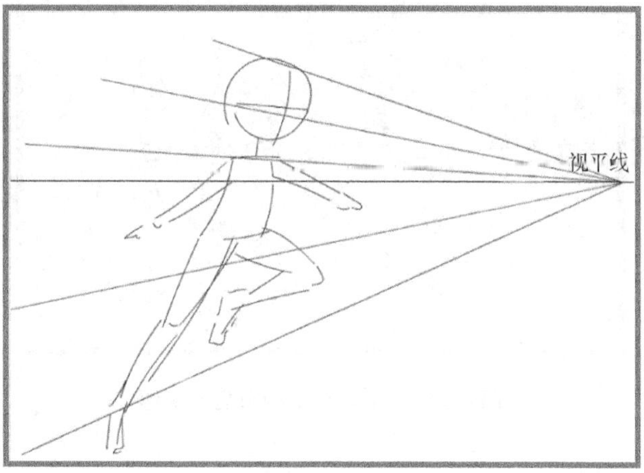

图 4.3.12　透视线

（4）调整人物姿态

有了透视线后，需要调整人体的姿态，使其符合透视规律。这是一个跳跃的姿态，上半身一定要挺直，下半身要伸展，这样才能表现得比较优美。如果是攻击的姿态，上半身还可以扭转，但是这里只设计一个简单跃起的姿态，所以保持正常朝向就可以。需要注意，女性姿态的设计要夸张身体的曲线，特别是腰部和臀部，如图 4.3.13 所示。

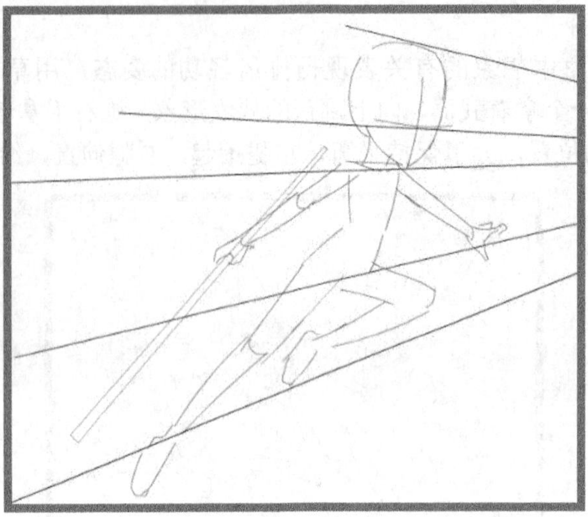

图 4.3.13　调整人体姿态

（5）丰富头部细节

给人物加上大概的五官、头发和发饰等，如图 4.3.14 所示。在画五官比例和头身比例时，首先要符合透视规律，还要参照正面人物的设定，这样才能符合正面形象。

图 4.3.14　丰富头部细节后的草图

（6）设计服装

在一开始的设定里，这个人物是在动态中，所以头发、头巾、腰带和裙子都要画出飘动的感觉，其中衣服褶皱和形状一定要沿着关节运动方向进行变化，如图 4.3.15 所示。

（7）勾线

把草图清稿，并在草图上进行勾线，如图 4.3.16 所示。

（8）分色

分色是为了区分色彩明暗，这里设定呈现一个背光的效果，分色效果如图 4.3.17 所示。

图 4.3.15　丰富后的草图

图 4.3.16　勾线效果

图 4.3.17　分色效果

（9）上色

根据角色设计确定的颜色上色，这里可以用吸色工具，吸取任务 4.2 所绘制好的角色设定稿的颜色，如图 4.3.18 所示。

图 4.3.18　上色

（10）完成女性角色姿态设计

完成后的最终效果图如图 4.3.19 所示。

图 4.3.19　最终效果图

技能提示

- 通过画动态线可快速勾勒人物动态姿势。
- 人物姿态设计要从整体到局部，掌握好头、肩、臂、腿的位置关系。

知识拓展

宫崎骏是第一位将动画片上升到人文高度的思想者，同时也是日本三代动画家中承前启后的精神支柱。宫崎骏在打破前人阴影的同时，用自己坚毅的性格和永不妥协的奋斗，为后代动画家做出了榜样。

任务小结

通过本任务的学习，归纳总结如下。

① 人物的姿态要根据角色设定、故事发展因素和角色性格因素进行设计。

② 角色姿态绘制步骤为：绘制视平线、绘制姿态草图、画出透视线、调整人物姿态、丰富头部细节、设计服装、勾线、分色、上色。

③ 设计与绘制姿态时要把握姿态的重心和性别的差异。

课后练习

将已设计好的人物设定做出简单概括后，自行选择完成剧本里的一个姿态。要求：生动、自然，不脱离基本运动规律以及角色比例。

《神奇小侠》剧本片段

山洞　日　内

穆童刚走进山洞几步，突然发现山洞里面隐约出现两团绿光，在漆黑的山洞里面闪烁着。

穆童对着绿光大声说："别装神弄鬼的，快出来！"

那两团绿光依旧在闪烁着，像两团鬼火。

穆童的额头上沁满了冷汗，他握紧拳头深吸了一口气。

穆童："说不定我今天会发现新大陆！嘿嘿……"说完，他用脚一点点探着路，去靠近那两团绿光。

任务 4.4　角色表情设计与制作

任务介绍

本任务要结合对剧本以及角色的分析，完成角色表情设计。首先了解角色表情的作用，熟悉常见的几种人物表情，掌握角色表情设计流程。学习本任务后要求学生能够独立完成角色表情设计。

相关知识

1. 角色表情概述

人物往往都是通过一些动作和表情的放大来突出性格，表情可以说是角色向外界表达情感的重要出口。充满感情的表情有时胜过千言万语，能够如实地表达角色的情绪。喜、怒、哀、惧、惊是我们生活中比较常见的几种表情。

2. 常用表情的类别及特点

在日常生活中，我们会通过别人的表情来判断对方的情绪，在二维动画中想要表现角色心情时，准确地设计出各种情绪的表情非常重要。

常见的人物表情有喜、怒、哀、惧、惊，接下来进行具体的分析。

1）喜。嘴角上扬并且眼睛会变小，同时眼角上扬，V 形嘴巴，如图 4.4.1 所示。

图 4.4.1　喜

2）怒。眼睛瞪大，瞳孔变小，眉毛下压，鼻孔不自觉地张大，如图 4.4.2 所示。

图 4.4.2　怒

3）哀。面部的肌肉会整体向下垂，眉毛紧皱并且向下压，眼睑处下垂，如图 4.4.3 所示。

图 4.4.3　哀

4）惧。肌肉会变得紧绷，眉毛和眼皮也会上扬，瞳孔会先变大后慢慢变小，如图 4.4.4 所示。

5）惊。眼睛睁大，瞳孔放大，上眼皮和眉毛都会向上扬，并且嘴巴张大，如图 4.4.5 所示。

图 4.4.4　惧

图 4.4.5　惊

3. 人物表情设计案例

在实际设计角色表情时，可能比想象中要复杂，因为角色的情绪不止一种，如动画片《床母》中床母这一角色的表情呈现。

1）床母表达担忧与嗔怒情绪时，面部表情呈现如图 4.4.6 所示。

① 聚焦的眼神，表达了床母此刻担忧的情绪。

② 眉头紧锁，嘴是噘起的，表达严肃中带着点嗔怒，结合剧情应该是有些自责的情绪。

2）床母表达喜极而泣情绪时，面部表情呈现如图 4.4.7 所示。

① 眼含泪光，体现了感动和欣慰的情绪。

② 嘴角上扬，表现出内心欢喜的情绪。

图 4.4.6　动画片《床母》表情 1

图 4.4.7　动画片《床母》表情 2

任务分析

实训目的： 根据自己设计的人物，独立完成人物表情（喜、怒、哀、惧、惊）设定。

操作要求： 表情生动自然，符合人物角色设定。

技能点拨： 抓住眉毛、眼睛、嘴巴的动态，再结合自己的人物设定将表情与人物相结合，可在符合实际的基础上适当夸张化，使人物表情更加富有特色。

任务实施

1．分析剧本人物表情特征

下面以男性角色穆童为例，通过剧本分析，不难看出穆童是一个天真活泼、胆大调皮的孩童。因此，他的表情多夸张，情感表达很直接。

孩童特征的表情设计多是比较展开、积极向上的；孩童的喜怒哀乐情感会表达得直接明显，表情特征丰富，带有孩童独有的天真烂漫。面部轮廓偏圆润，无明显棱角，如图 4.4.8 所示，这与成人有很大区别。

图 4.4.8　孩童表情设计

2．设计角色 3 种不同情绪的表情

下面以剧本中的穆童为例，为大家展示角色正面的表情设计步骤（仅供参考）。

穆童生气、大笑和不开心的表情设计与制作

（1）设计思路

根据各个主角的年龄和性格特征可知穆童性格外向，表情可以适当放大、夸张。

（2）绘制生气表情

首先打开 Animate CC，在舞台区域画五官，如图 4.4.9 所示。

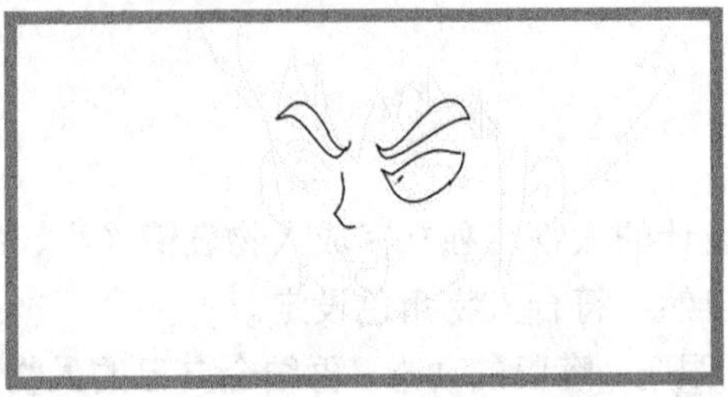

图 4.4.9　画五官

根据前面的内容了解到生气表情的特点：面部表情是眼睛瞪大，瞳孔变小，眉毛下压，呈倒“八”字形，如图 4.4.10 所示。

（3）绘制大笑表情

画一个大笑的表情，如图 4.4.11 所示，人物头部会不自觉往后仰，面部表情配合上肢体动作，更能突出人物开心的程度。嘴巴呈 V 形，眼睛会变小或者眯成一条缝。

图 4.4.10　生气表情

图 4.4.11　大笑表情

（4）绘制不开心的表情

舞台右边再画一个眼角和嘴角下垂的不开心的表情，进行对比，3 个不同情绪的表情就画好了，如图 4.4.12 所示。

图 4.4.12　不同情绪的表情

3. 制作表情包

1）在 Animate CC 软件中再新建一个 1920px×1080px 的画布，如图 4.4.13 所示。

制作表情包

2）把大笑表情粘贴到新文档，建成一个图形元件，如图 4.4.14 所示。

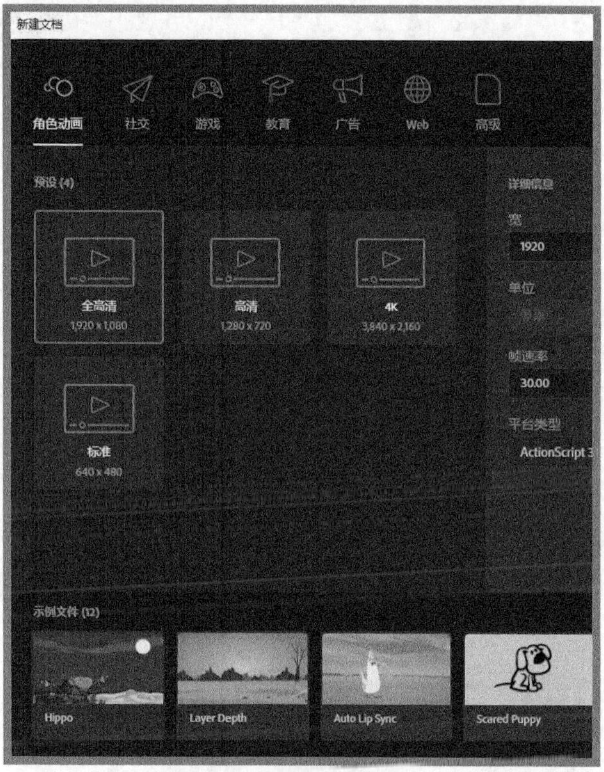

图 4.4.13　新建画布

图 4.4.14　元件

3）在时间轴的第 2 帧插入关键帧，打开绘图纸外观工具，如图 4.4.15 所示，画一个笑的另一个动态，两个不一样的笑的动态连起来就做成了一个大笑的循环动作，如图 4.4.16 所示。

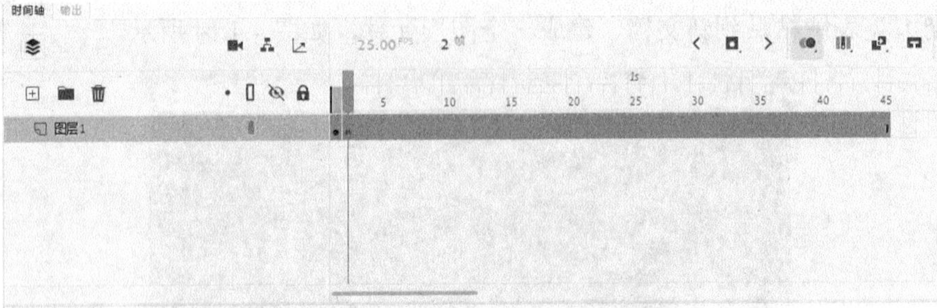

图 4.4.15　时间轴及绘图纸外观工具

图 4.4.16　绘制循环动作

4）打开“文件”菜单，选择“导出”→“导出动画 GIF”命令，如图 4.4.17 所示，在弹出的“导出”界面中单击“保存”按钮，如图 4.4.18 所示。

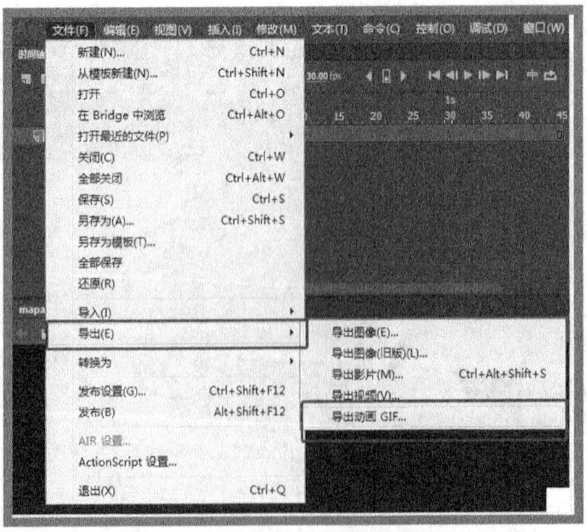

图 4.4.17　导出动画 GIF

图 4.4.18　“导出”界面

5）完成表情包制作，如图 4.4.19 所示。

图 4.4.19　表情包

技 能 提 示

- 两种情绪可以结合：

①喜和悲：喜极而泣；②喜和生气：不屑一顾；③怒和哭：气哭。

- 人物角色的头发与面部表情配合，可以丰富人物内心情感。

任务小结

通过本任务的学习，归纳总结如下。

① 掌握角色的面部特征，学会抓住动态。

② 一个角色要生动形象，不仅体现在造型和姿态上，还体现在神态及面部表情上。

③ 要结合剧本，分析人物的性格才能设计出符合人物特征的表情动态。

课后练习

请尝试为杨排风或穆童设计一个基础表情，表情可以选择喜、怒、哀、惧、惊中的一种。要求如下。

① 转变过渡生动自然，不脱离基本角色比例。

② 表情要符合人物特征。

项目 5

场景设计与制作

场景是自然景色、社会环境、人物活动等描写对象的集中表现。常见的有劳动场面、战斗场面、运动场面以及各种纯风景等。场景要表现出特定的气氛，对整个人物角色起到一定的烘托作用，有的场景对整个故事的发展会起到一定的推进作用。因此，动画场景设计是非常重要的组成部分，有时比角色造型设计的效果更直接、更明显，也更容易将观众带入情境中来。

学习目标

- 学习动画场景的类型。
- 掌握各种风格的场景背景。

素养目标

- 培养学生小组合作、自主探究的能力。
- 培养学生自我激励、自我展示、勇于尝试的精神。
- 通过场景设计中对中国元素的应用，激发学生对中国传统文化的热爱。

任务 5.1　场景自然景观设计与制作

任务介绍

本任务需要根据《神奇小侠》的剧本，完成动画场景设计，以确定动画场景设计风格和画面效果。要求场景设计风格和人物风格一致，使用 Animate CC 绘制场景效果图，设计要合情合理，画面要符合大众的审美要求，并且宏观效果要好。

相关知识

1. 动画场景设计的基本概念

动画场景是通过设计来演绎的时空和环境，是动画里重要的造型元素。动画的场景可以是现实的，也可以是虚拟的，但无论是哪一种都要反映出动画中的情境。动画场景分为场面和背景两部分。

1）场面：角色可以在其中活动的空间环境或自然景观。

2）背景：起烘托角色和渲染表演气氛作用的角色背后的景物，如舞台的布景。

2. 动画场景的视觉元素

动画场景设计的视觉元素为提升动画的欣赏价值起到了非常重要的作用，在场景设计中所有需要考虑的元素如下。

1）外形：形状、大小、比例、结构。

2）色彩：色调、环境色彩、主观色彩、特效色彩。

3）光影：自然光、人造光、主观光等。

3. 自然景观设计

自然景观类型的动画场景分为天空、陆地、水景几个方面。

1）天空自然景观包括云朵、烟雾、闪电、日月星辰等。天空一般比地面的景物明度高，即使阴雨天，最浓的乌云也要比灰黑的地面颜色浅，天空的色彩形成画面中最底层的背景色。画蓝天要把握好景物与天空之间的明度对比关系，不能只关注天空与白云之间的对比反差。天空的表现宜平和灰淡，用色不宜太艳、太浓。晴朗的天空有云影，从近天到远天，由天蓝色转为紫灰色，与远山或地平线融为一体，如图 5.1.1 所示。

图 5.1.1 动画片《神奇小侠》中的天空

2）陆地自然景观包括山川、田野、沙漠、戈壁、森林等。山川是动画场景中最常见的陆地自然景观，中国古代山水画有“三远”之说，即高远、深远、平远。高远指的是自山下仰望山巅，高远之势比较突出，以仰视的视角表现大山拔地而起的雄伟姿态，如图 5.1.2 所示。

3）水景在动画场景设计中占据十分重要的地位，包括海洋、湖泊、河流、瀑布、溪泉等。水景或碧波万顷，或烟波浩渺，或波澜壮阔，或涓涓细流，或一泻千里，都直接与动画片剧情的发展息息相关，如图 5.1.3 所示。

图 5.1.2　动画片《神奇小侠》中的山川

图 5.1.3　迪士尼动画片《花木兰》中的水景

任务分析

实训目的： 通过案例，学习使用 Animate CC 绘制场景的方法。

操作要求： 绘制出的物体要有立体感，有明暗变化。

技能点拨： 自然景观场景设计首先需要设定一个光源，根据光源去刻画所有元素的明暗面。

任务实施

场景自然景观设计与制作

1. 设计思路

在剧本《神奇小侠》中有一幕室外森林的自然景观场景。由剧本可知，森林的特征是树木茂盛、气氛神秘，因此，需要将森林的密度设计得高一点，营造出原始森林的氛围；森林的色调需要偏暗淡，体现光照不充足的效果。

2. 绘制草图

使用绘图软件绘制一张草图，草图中不一定要绘制出完整的细节，要先表现透视关系和大小错落关系，如图 5.1.4 所示。

图 5.1.4　草图

3. 铺固有色

用 Animate CC 导入绘制好的草图，由近到远把主体物的固有色铺好，注意要有前后颜色纯度的区别，注意前面树干和地面的色彩对比，相较于后面树干和地面的色彩对比要更强烈些，这样可以加强整个场景的透视关系，如图 5.1.5 所示。

图 5.1.5　铺固有色

4. 加深层次

按前实后虚、前冷后暖的色彩透视原则，将灌木丛的层次体现出来，如图 5.1.6 所示。

图 5.1.6　加深层次

5. 注意留白

将树冠画出来，留出一些空白的地方透露出外面的天空，让画面更加灵动，为后面增添新的色彩留下空间，使画面不至于太沉闷，如图 5.1.7 所示。

图 5.1.7　画出树冠

6. 绘制远景

绘制远景，交代整个画面的大概布局，易于把握整个画面的走向，如图 5.1.8 所示。

图 5.1.8　绘制远景、把握画面走向

7. 刻画主体物

刻画主体物树干以及树干的明暗面，如图 5.1.9～图 5.1.11 所示。

图 5.1.9　刻画树干 1

图 5.1.10　刻画树干 2

图 5.1.11　刻画树干 3

8. 色彩细化

细化整个画面的色彩，提高亮度和对比度。绘制过程中需要注意色彩的变化，近处的灌木丛鲜艳，细节更多，更富有立体感；远景的灌木丛略显灰暗，细节更少，更扁平。这样就拉开了整个画面的远近关系，如图 5.1.12 所示。

图 5.1.12　细化灌木丛

9. 强调亮部

根据前面设定的明暗面，进一步强调各个部分的亮部，主要体现在树干和灌木丛上，如图 5.1.13 所示。

图 5.1.13　强调亮部

10. 加光影

为画面添加斜射的光，把光的图层模糊度调高，让树林更富于空间感，如图 5.1.14 所示。

图 5.1.14　加光影

11. 打破呆板印象

继续细化画面，在前景处加上一些野草（图 5.1.15），在树干上加一些藤蔓（图 5.1.16），让画面更富有层次感，加强画面的对比效果，消除呆板印象带来的乏味感。

图 5.1.15　添加野草

图 5.1.16　添加藤蔓

12. 完整稿展示

完成后的最终效果图如图 5.1.17 所示。

图 5.1.17　最终效果图

技能提示

场景绘制步骤：导入线稿，使用线条工具描出线条，然后运用颜料桶填充工具上色，再绘制亮面和暗面分界线，最后填充相应的颜色。

知识拓展

动画场景绘制中，不同场景的色彩组合也是不相同的。色彩通过对比和重组，在动画场景中形成了色彩节奏。色彩本身明度和纯度的变化就会产生一种独有的透视感，这两者相互衬托、配合会形成一种色彩空间感。

任务小结

通过本任务的学习，归纳总结如下。

① 通过案例学习自然景观场景的绘制方法。

② 学会利用 Animate CC 绘制各种室外物体，如花朵、天空、云彩等。

课后练习

1. 问答题

① 什么是动画场景设计？

② 森林自然景观场景有什么特征？

2. 实践题

运用所学的技巧绘制一张自然景观风景图。要求如下。

① 色彩搭配和谐美观。

② 体现出场景的透视关系。

③ 场景中需包括天空、云彩、树木。

任务 5.2　场景建筑空间设计与制作

任务介绍

完成《不一样的闹剧》的室内场景绘制，以确定动画场景设计风格和明确动画画面效果。要求场景设计风格和人物风格一致，使用 Animate CC 绘制场景效果图，设计要合情合理，画面要符合大众的审美要求。

相关知识

1. 建筑空间透视的表现方法

1）一点透视。一点透视也称平行透视，是最简单的透视规律。一个物体上垂直于视平线的纵向延伸线都汇集于 1 个灭点，这种透视关系叫一点透视，如图 5.2.1 所示。

图 5.2.1 一点透视效果（日本动画片《千与千寻》）

2）两点透视。两点透视也称成角透视。一个物体平行于视平线的纵向延伸线，按不同方向分别汇集于 2 个灭点，物体最前面的 2 个面形成的夹角离观察点最近。在运用两点透视规律画街道一类的景物时，可以将远景的物体处理得较虚，近处的物体画得细致些，而且不论建筑物的多少，其透视线均应分别相交于 2 个灭点，这使透视图透视感更强，更突出场景的空间感，如图 5.2.2 所示。

图 5.2.2 两点透视效果（中国动画片《全职高手》）

3）三点透视。当画面中的物体倾斜到一定角度时，3 组平行线各有 1 个灭点，这时称之为三点透视，如图 5.2.3 所示。当需要表现高大的建筑物时，会采用此类透视方法描绘物体，以此来增强画面的视觉冲击力，如图 5.2.4 所示。

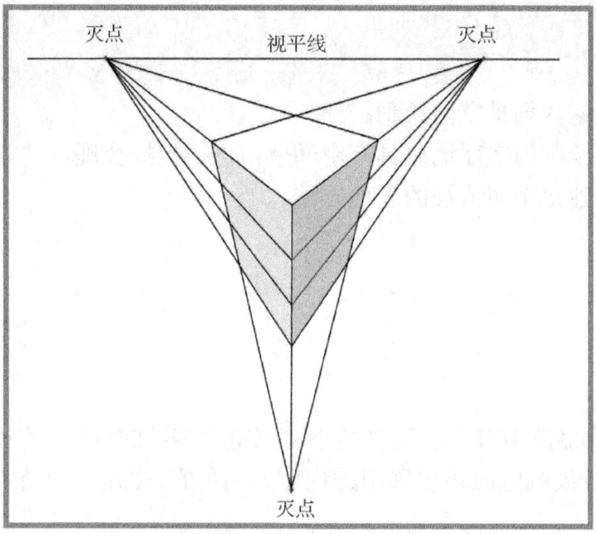

图 5.2.3　三点透视示意图

图 5.2.4　三点透视效果（中国动画片《全职高手》）

2. 建筑场景陈设道具制作

陈设道具是动画作品中不可忽略的部分，需要和场景设计相互联系，融入整体的场景设计中。陈设道具应与场景的风格一致，如果场景是写实风格，则道具设计风格也须偏向写实；如果场景是夸张风格，那么道具设计也应适当地夸张；否则道具陈设在场景中会产生不和谐感。例如，原创动画片《床母》中室内场景的道具设计如图 5.2.5 所示，其整体风格偏向卡通，因此对一些绿植和挂画都适当进行了简化和夸张，使整个场景风格统一。

图 5.2.5　动画片《床母》中室内场景的道具设计

任务分析

实训目的：学会室内场景空间绘制。

操作要求：要求绘制的客厅墙壁具有空间感，透视把握合理。注意透视变化。

技能点拨：注意建筑空间透视的表现方法。

任务实施

场景建筑空间设计与制作

1. 绘制思路

剧本《不一样的闹剧》中有一个场景是小猪家室内客厅的设计。家庭客厅应该温馨开阔、光线充足，所以在进行绘制时应该多采用鲜艳明亮的色彩，采用一点透视法让视野更加开阔。

2. 绘制透视线

家庭客厅一般采用封闭式构图，给人一种稳定的感觉，画面以整个画框为依据，构图均衡、四平八稳，把想要表达的内容全部归纳到画面中，形式感也比较强。根据前面的要求，确定画面场景的透视关系为一点透视，用一点透视法可以很好地表现出远近关系。找到主点后先进行场景透视辅助线的绘制。应该注意要把视平线放在较低的地方，这样可以更好地展示客厅的全貌。客厅的透视线如图 5.2.6 所示。

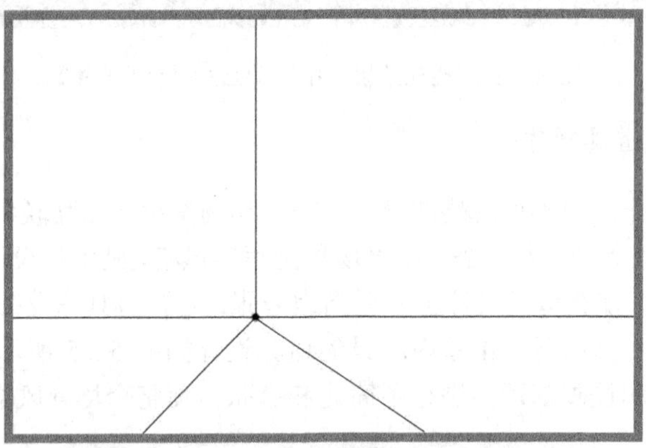

图 5.2.6　客厅的透视线

3. 绘制草图

根据透视辅助线绘制草图，注意透视关系和整体构图。草图画好后还有修改的余地，可以根据场景的特点加入一些小物件使场景更加丰富。

在剧本中，小猪坐在沙发上挥手，所以在画面的中央画一张沙发，旁边加上两个柜子和一盏台灯，在墙上挂一幅画增强家的温馨感，在前景上可以加入一张茶几增强画面的层次感，如图 5.2.7 所示。

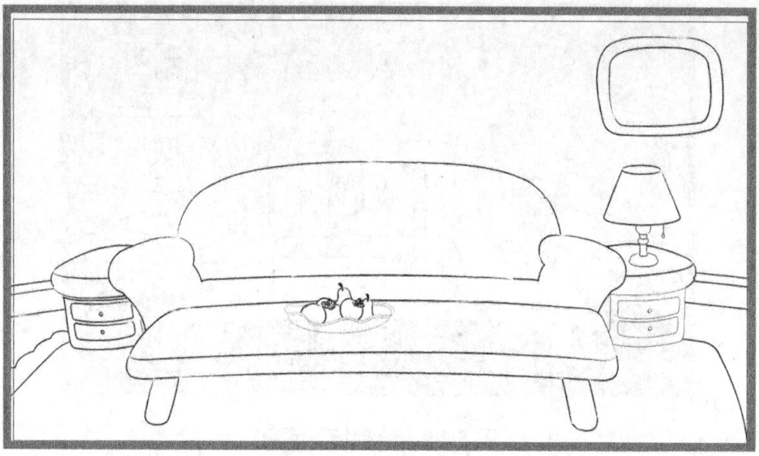

图 5.2.7　客厅草图

4. 绘制线稿

在草图的基础上更加精细地完善线稿。在确定好物品摆放位置后，可以在物品上添加更多细节。例如，在沙发上加条纹花纹，使其看起来更加精致；墙上的挂画可以画成小猪过生日时的照片，更加贴合动画片的主题，同时也呼应了前面的剧情，如图 5.2.8 所示。

图 5.2.8　绘制线稿

5. 绘制场景颜色

根据剧情需要，这个场景是在白天，受日光影响，场景整体色调应明亮鲜艳。在上色时颜色不要过于灰暗，明暗对比需要更强烈。整体画面上色以平涂为主，减少笔触效果和色彩的变化，这样可使效果整洁美观，贴合室内场景风格，如图 5.2.9 所示。

图 5.2.9　绘制场景颜色

6. 绘制场景中的道具

添加小道具可以丰富、精细化场景造型。除了客厅场景设计外，一些辅助道具的设计也要符合设定。屋内可增加一些生活化的细节，如在桌子上画上一盘水果，给台灯加上一些花纹，如图 5.2.10 所示，让整个画面看起来更加温馨、更有家庭氛围。

图 5.2.10　台灯增加花纹细节

7. 完成草图

草图最终效果如图 5.2.11 所示。

图 5.2.11　草图最终效果

8. 完成绘制

最后将设计草图导入 Animate CC，进行勾线上色。可以使用吸色工具完全复制草图的颜色，最终效果如图 5.2.12 所示。

图 5.2.12　最终效果

技能提示

在可爱风格的场景设计中，场景应尽量层次简单，颜色亮丽，适当变形、夸张，将呆板、生硬的建筑物或道具化为圆润的造型。

任务小结

通过本任务的学习，归纳总结如下。

① 透视分为一点透视、两点透视和三点透视。

② 绘制场景图时要先画出透视辅助线，然后画出草图线稿，最后上色，这样可以保证场景透视的正确性。

课后练习

1. 选择题

图 5.2.13 所示场景中一点透视的图片为（　　）。

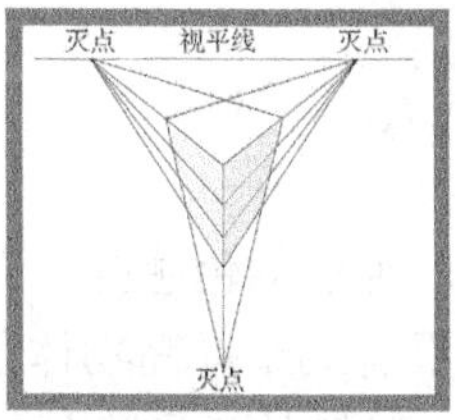

A

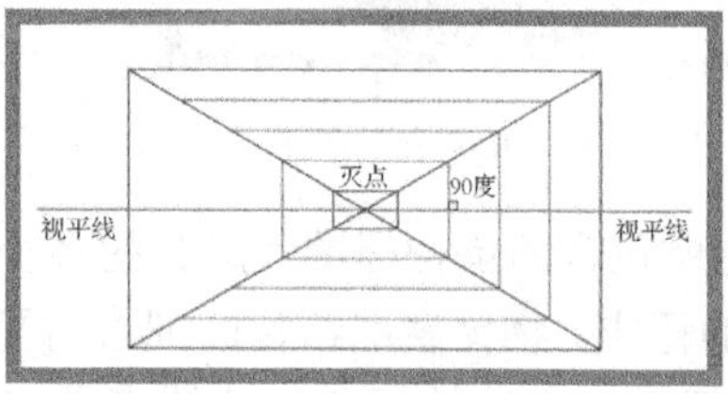

B

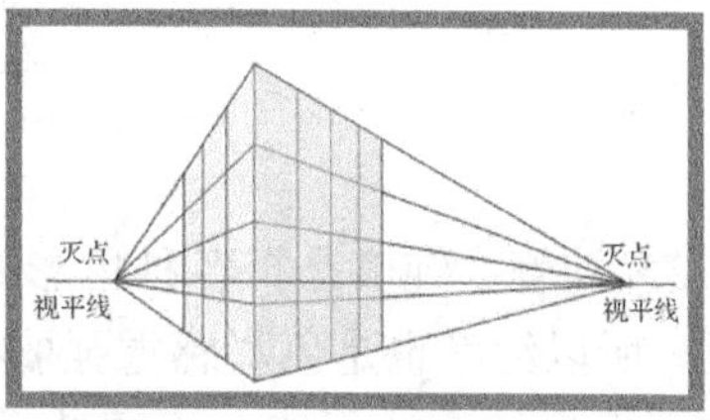

C

图 5.2.13　场景

2. 实践题

为《不一样的闹剧》中的小猪重新设计一个室内空间效果。要求如下。

① 采用两点透视绘制手法。

② 需要体现空间感并且纵深感强。

任务 5.3　场景色彩搭配

任务介绍

本任务主要讲解场景的色彩搭配。色彩与观众的生理和心理反应密切相关，影响着观众对动画场景的第一印象，对内容的注意力和对动画场景设计的认知程度。因此，场景设计师要充分展现色彩的魅力，吸引观众的注意力。

相关知识

色彩的搭配原理和技巧

1. 色彩的搭配原理和技巧

（1）色彩的基本属性

1）色相。色相是色彩相貌种类的名称，是辨别各种不同色彩最准确的标准，伊登十二色环如图 5.3.1 所示。事实上，任何黑、白、灰以外的颜色都有色相的属性，而色相是由原色、间色和复色构成的。自然界中各个不同的色相是无限丰富的，如紫红、银灰、橙黄等。

图 5.3.1　伊登十二色环

2）纯度。纯度是指各种色彩中所包含的单种标准色成分的多少。纯色的色感强，即色度强，所以纯度也是色彩感觉强弱的标志。物体表层结构的细密与平滑有助于提高物体色的纯度，同样纯度油墨印在不同的白纸上，光洁的纸印出的纯度高些，粗糙的纸印出的纯度低些，如图 5.3.2 所示。

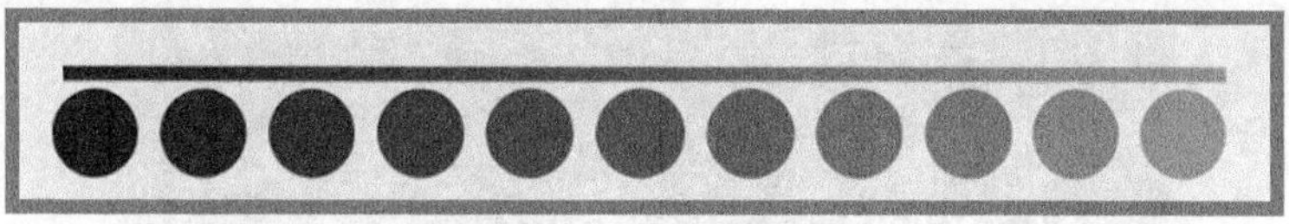

图 5.3.2 纯度

3）明度。明度是指颜色的亮度，越亮越接近白色，越暗越接近黑色，如图 5.3.3 所示。

图 5.3.3 明度

（2）色彩的分类

1）无彩色系。无彩色是指除了彩色以外的其他颜色，常见的有金、银、黑、白、灰。明度可从 0 变化到 100，而彩度很小，接近于 0。将纯黑逐渐加白，使其由黑、深灰、中灰、浅灰直到纯白，分为 11 个阶梯，称为明度渐变，做成一个明度色标，凡明度为 0～3 的色彩称为低调色，明度为 4～6 的色彩称为中调色，明度为 7～10 的色彩称为高调色。

2）有彩色系。彩色是指红、橙、黄、绿、青、蓝、紫等颜色。不同明度和纯度的红、橙、黄、绿、青、蓝、紫色调都属于有彩色系。有彩色是由光的波长和振幅决定的，波长决定色相，振幅决定色调。在再现艺术中，色彩能够真实再现对象，创造幻觉空间的效果。

2. 动画场景的色彩设计

（1）色彩搭配在动画场景设计中的情感表现

1）温度感。这种感觉不是颜色与生俱来的，而是人们在生产生活中得出来的经验，如用红色代表温度高的火焰，表达温暖；用蓝色代表冰雪、水流，给人们带来冰冷的感觉。

2）空间感。空间感的表现来源于事物的物理属性，暖色给人一种前进、膨胀的感觉，而冷色就会给人以缩小、后退的感觉。色彩纯度、明度越高，感觉就越近；反之则越远。

3）情绪感。每一种颜色都有自己特有的情绪感。中国人喜欢的红色，加上一些黄色，就会显得喜庆、热闹；白色、黑色、灰色的使用会让人觉得悲伤、痛苦、孤独；粉色、橙黄的使用会使人觉得温馨、快乐；紫色的主调往往会给人一种神秘、缥缈的感觉。

4）时间感。色彩可以体现四季更替、昼夜变化、历史变迁等感觉。例如，春天可以使用明度较高、略带粉质的色彩，体现出春天阳光明媚、万物复苏的感觉；夏天阳光强烈，可以使用纯度较高、对比度较高、互补色对比来体现；秋天使用棕色、褐色等重灰颜色，来体现成熟的感觉；冬天使用白色、灰色或蓝色来体现万物沉寂、寒冷的感觉。

（2）色彩搭配对于提升动画效果的意义

1）用冷暖表现场景的时空关系。冷暖色调的对比能够突显场景的空间感，红色、橙色、黄色等为暖色调，能够给人以喜庆、温暖的感觉。全景中，设计师一般将天空和山脉呈现为蓝色，表现远处的景色；用纯度较高的色彩表现中景图；纯度较低的一些色彩能够有效展示近处场景。这种色彩搭配方式在动画片《神奇小侠》中也有运用，如图 5.3.4 所示。

图 5.3.4　动画片《神奇小侠》场景中色彩的搭配

2）用色彩渲染气氛。若利用色彩渲染气氛，则需要中和多种色彩，表达出现实中的朦胧感或凝重感等，满足观众的心理期待。动画场景中的暖色调能够营造温馨的氛围，而冷色调则能够渲染阴森恐怖的气氛，如原创动画片《神奇小侠》中用冷色调和低明度渲染出了阴森恐怖的气氛，如图 5.3.5 所示。

图 5.3.5　动画片《神奇小侠》场景中冷色调运用

任务分析

实训目的：掌握动画场景的色彩搭配技巧。

操作要求：要求用色彩表现出场景的空间感，透视把握合理。

技能点拨：注意色相、饱和度、明度的运用。

场景设计与制作

任务实施

1. 制作思路

剧本《神奇小侠》有一场“天波杨府”的室外场景。根据剧本对主要场景“天波杨府”的设计要求，场景设计师参考宋代建筑设计草图。草图中不需要绘制出完整的细节，主要把握透视比例和构图。

2. 确定线稿

根据任务 5.2 的内容，绘制场景时应先画出场景的透视辅助线，保证其透视正确，在透视线的基础上确定画面的线稿。线稿是场景的基本框架，在线稿中透视比例以及构图都要准确、明了。铅笔线稿如图 5.3.6 所示。

图 5.3.6　铅笔线稿

3. 色彩搭配

线稿完成后，根据剧情对场景进行色彩搭配。穆童到达异世界时天气晴朗，到达天波杨府的时候已经是黄昏，所以天空应该明亮且充满晚霞。绘制时可采用橘红色来定格整个场景的温度，将画面缩小，使整个场景看起来偏橘红色，显得更加温暖，如图 5.3.7 所示。

图 5.3.7　天波杨府场景

4. 色彩细节设计

天波杨府采用中国古代建筑风格，红墙绿瓦。因此，在整个场景偏暖的情况下应该采用更加偏暖的青色来描绘墙瓦；红棕色的墙上应该反射着晚霞的光，所以墙应该整体偏橘红色；为了使整个画面看起来更加和谐，这里瓦片的颜色应该偏暖色调一点，如图 5.3.8 所示。

图 5.3.8　调整瓦片颜色

5. 增强场景气氛

为了增强整个画面傍晚的气氛，周围的树木也应该用偏暖的颜色进行绘制，使用更多的橄榄绿或者墨绿色，在绘画完成后还可以使树梢带上晚霞的色彩，如图 5.3.9 所示。

图 5.3.9　给树木添加暖色

6. 确定色彩明暗关系

确定基础色彩与温度后，要进一步确定场景的色彩关系和明暗关系。本任务中的场景主要是暖色调，冷色调偏少，在画的过程中要注意协调。

7. 深入刻画细节

细节是体现画面质量的标准。深入刻画细节时，应注意景物的远近，虚实色彩的明亮、灰暗，景物的清晰与模糊程度，层次感的表现等。最终完成效果如图 5.3.10 所示。

图 5.3.10　最终完成效果

技能提示

- 对场景进行绘画时记得新建图层，便于调整色彩的明暗关系和模糊程度，以加强层次感。
- Animate CC 中可以使用不同效果的笔刷和色彩对场景进行深入刻画。

知识拓展

宫崎骏的动画片对色彩的运用很丰富，能够准确地把握色彩和人物内心的契合度，不仅能够有效地渲染与烘托气氛，而且能够进一步推动剧情的发展。优秀的场景设计不仅能够给人们带来视觉上的享受与震撼，同时还能表达丰富的文化内涵。

任务小结

通过本任务的学习，归纳总结如下。

① 场景设计的目的是带给观众一种情感，场景设计中合理地搭配色彩可以表现出多重情感。

② 色彩搭配对于表达场景所需要的意境和情感尤为重要，有效运用色彩搭配技巧，对于提升场景搭配的整体效果和感觉具有十分重要的意义。

课后练习

1. 选择题

① 色彩的基本属性是（　　）。

A. 色相、明度、纯度　　　　B. 色相、明度、对比度

C. 明度、对比度、纯度　　　D. 对比度、色相、纯度

② 如果想要表现场景火热而又充满生机，应该用（　　）。

A. 冷色调　　　　B. 暖色调　　　　C. 中性色调

2. 实践题

用和案例一样的构图和线稿，画一张白天的天波杨府。需注意以下两点。

① 色彩搭配正确、和谐。

② 物体明暗关系正确。

任务 5.4　情绪背景设计与制作

任务介绍

本任务主要讲解场景的情绪氛围设计方法，重点集中在动画制作的场景设计部分，通过设计制作动画片《不一样的闹剧》中的情绪背景，掌握色彩、符号、空间等场景气氛设计表现形式。

相关知识

动画场景设计氛围营造的要素主要包括色彩基调、光影、空间形态和特效。

（1）色彩基调

色彩基调是指动画场景的基本情调，即场景总体的态度感情、总体的色彩和分量。通常色彩基调氛围有冷暖、明暗等。如果场景设计中以明亮的暖色调为主，那么整部影片的色彩对比便较为明显，观众的情绪也跟着振奋起来；冷暖较为均衡的场景设计，会使人产生一种平静的感觉。原创动画片《床母》中用暖色温馨的场景基调，体现了小男孩对床母的感激之情，如图 5.4.1 所示。

图 5.4.1 原创动画片《床母》的温馨场景

（2）光影

光影对场景的气氛常常起决定性的作用，合理运用光影的效果才能为动画营造出好的氛围。在动画中常常用一些戏剧性的光影效果来营造气氛和刻画人物。

通过相关研究发现，人如果看到明亮的环境或者是相关的事物，会在心理上产生一种幸福以及正义的感受；如果看到阴暗的环境或者事物，则会产生悲哀的感受。根据人们的这种视觉认知特点，场景设计师通常会使用各种丰富的光影来对整个场景进行氛围营造。这样，观众在观看影片时就会因镜头画面中出现的不同光影而发生情绪的变化，继而感知影片中的人物情绪。例如，在动画片《床母》中，开篇运用阴暗的光来塑造一种紧张而又阴郁的氛围，如图 5.4.2 所示。

图 5.4.2 动画片《床母》中的光影场景

（3）空间形态

不同的空间形态带给人的心理反应是大相径庭的。在影视动画场景空间的形态中，高大并且宽广的空间给人的心里感觉是庄严而稳定的；一些曲线的空间则会带给人柔和、优雅的感觉；直线的空间则给人一种安定、秩序的感觉，同时又有一些呆板。学会把握人们对于不同空间形态的不同感受，并将其结合透视法应用在动画场景设计中，便能够营造出所需要的氛围，从而让观众产生一种强烈的视觉体验。例如，在动画片《床母》中，用较大的空间、较强的透视效果，从高处俯视的场景来显现小孩即将跌落的紧张感，如图 5.4.3 所示。

图 5.4.3　动画片《床母》中跌落场景

（4）特效

在影视动画进行制作的后期，特效是丰富多彩的。在对动画场景进行特效处理的过程中，通常会使用一些具有抽象意义的背景符号，以进一步增强角色在影片中的表演动态，对故事情节进行渲染；通过特效来营造各种不同的气氛特点，继而使得场景的氛围进一步增强。除此之外，还可以采用一些特殊效果叠加的方式，如将柔光、胶光等融入场景，达到营造氛围的效果。还有一些效果能让场景变得更加真实、更富有震撼力，如火焰、水花、风力、爆炸、空间扭曲等。

在原创动画片《床母》中，设计师用暗紫色的特效光和恐怖面具，营造一个小孩梦魇的场景，让人感到紧张害怕，如图 5.4.4 所示。

图 5.4.4　原创动画片《床母》中的梦魇场景

任务分析

实训目的：掌握动画场景氛围营造的要素，包括色彩基调、光影、空间形态和特效。

操作要求：要求用色彩基调、光影、空间形态和特效来表现出场景的空间和氛围感。

技能点拨：Animate CC 色彩效果的应用。

任务实施

情绪背景设计与制作

1. 分析剧本情节

小猪陶醉在音乐的幻想中，跳起舞来……此时小猪的情绪是喜悦的，感觉是幸福的，所以背景就要表现出梦幻般的效果，如图 5.4.5 所示。

图 5.4.5　小猪跳舞

2. 确定色彩基调

首先在 Animate CC 工程文件中用粉色来确定整体的基调，用矩形工具绘制一个粉色的色块，如图 5.4.6 所示。注意，粉色色块的尺寸要略大于舞台的尺寸 1920px×1080px，将这个矩形变成一个组。

图 5.4.6　绘制粉色色块

3. 添加氛围元素——音波

1）设计和音乐相关的浪漫元素，如音波。首先用基本椭圆工具调整内径参数，绘制无边圆环，如图 5.4.7 所示。

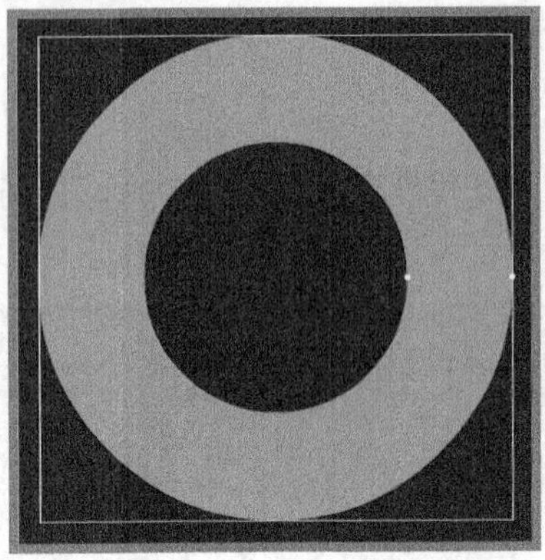

图 5.4.7　绘制无边圆环

2）选择填充工具，调整填充透明度（Alpha）为 40%，如图 5.4.8 所示。

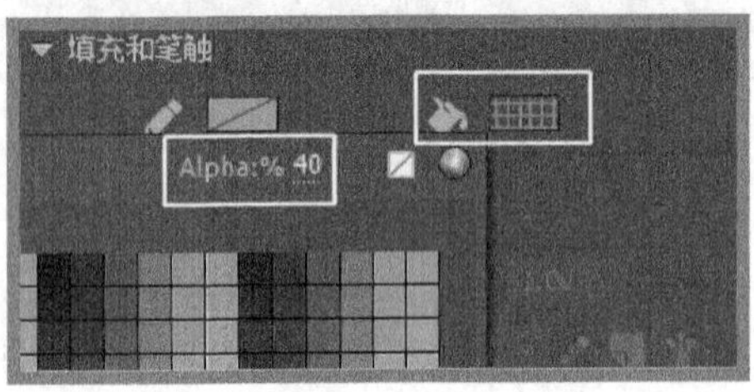

图 5.4.8　填充工具

3）复制 3 个圆环，形成波纹状，如图 5.4.9 所示。

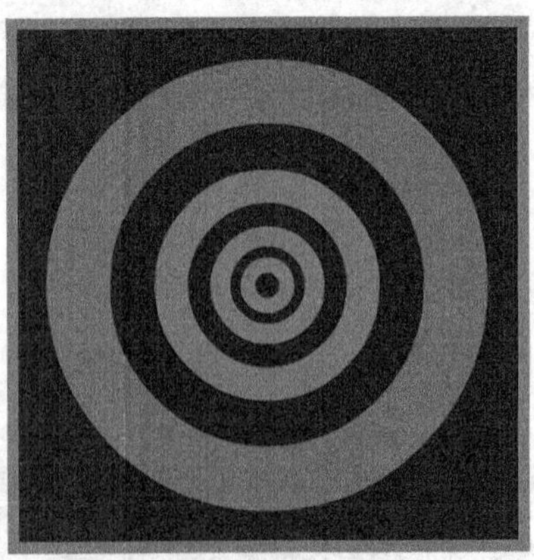

图 5.4.9　复制圆环

4）将所有圆环全选并转换为图形元件，然后用“属性”面板的“色彩效果”调整透明度为 22%，如图 5.4.10 所示。

图 5.4.10　调整透明度

5）得到音波的最终效果如图 5.4.11 所示。

图 5.4.11　音波最终效果

4. 添加肌理

1）从素材库中挑选网点肌理。网点肌理是提升幸福感效果最常用的肌理之一，很多幸福、浪漫、温馨的情绪背景都会使用这种圆点的效果来表现，如图 5.4.12 所示。

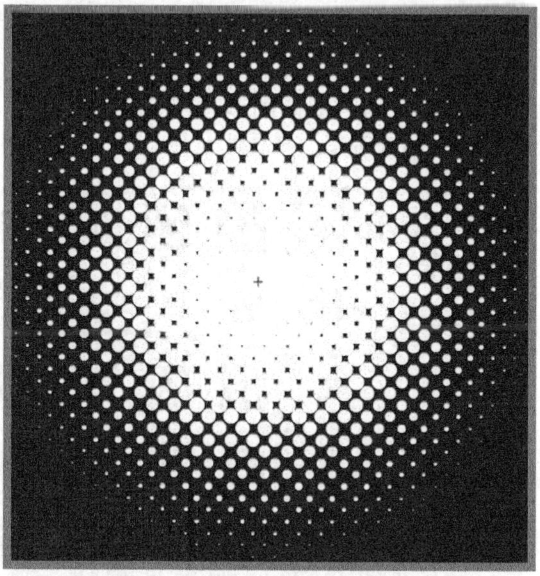

图 5.4.12　网点肌理

2）将网点肌理图片导入 Animate CC 中，转换为图形元件，用“属性”面板的“色彩效果”调整透明度为13%，如图 5.4.13 和图 5.4.14 所示。

图 5.4.13　调整网点肌理透明度

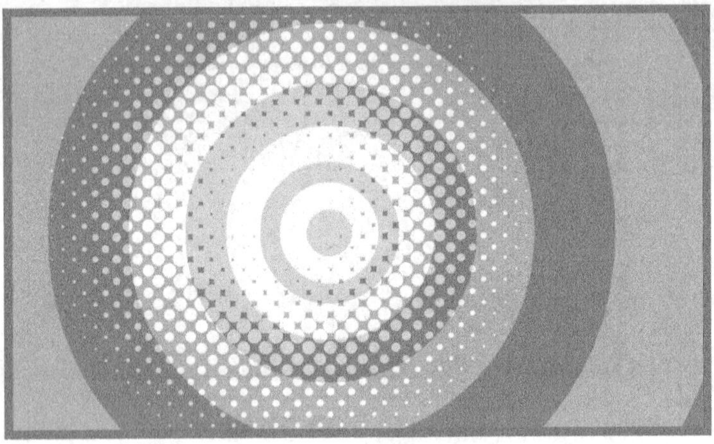

图 5.4.14　添加肌理效果

5. 添加小元素

1）上述场景圆形元素过多易显得单调，此时可以加入一些方形元素和音符元素进行丰富。使用矩形工具、椭圆工具和线条工具绘制如图 5.4.15 所示的音符元素图形并填色，创建成组。

2）将组转换为图形元件，并复制出多个图形，排列成一个方形，并使用缩放工具调整大小，使元素错落有致，如图 5.4.16 所示。

图 5.4.15　音符元素

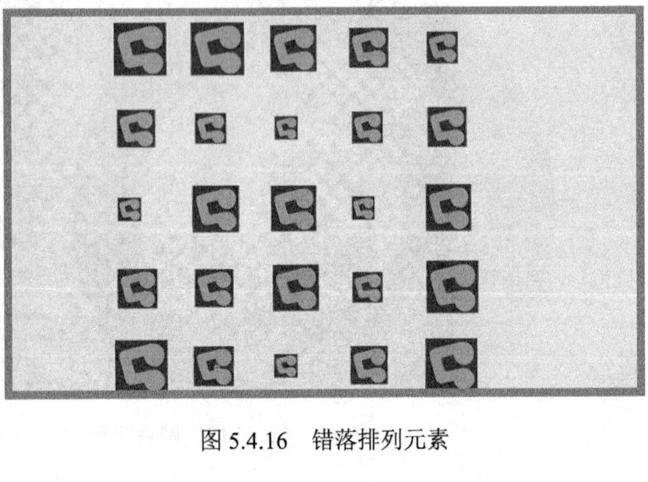

图 5.4.16　错落排列元素

3）小元素颜色目前较为刺眼，所以此时退出元件，利用“属性”面板里的“色彩效果”来调整色彩。选择“样式”为“高级”，数值调整如图 5.4.17 所示。

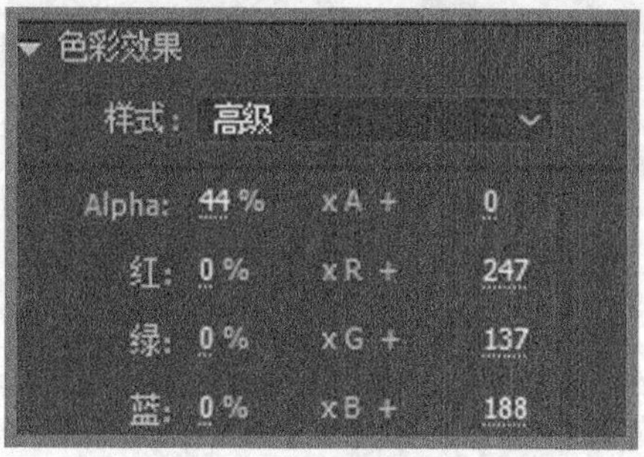

图 5.4.17　调整色彩数值

4）添加完小元素后效果图如图 5.4.18 所示。

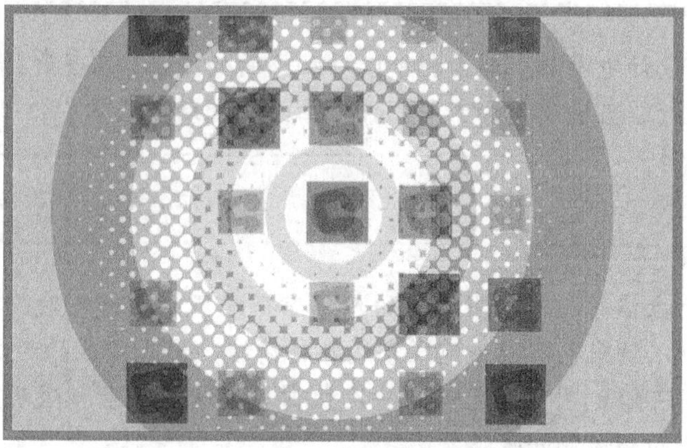

图 5.4.18　添加小元素后效果图

6. 完成最终效果图

1）将之前制作的音符转换为元件，用“属性”面板的“色彩效果”调整颜色，数值调整如图 5.4.19 所示。

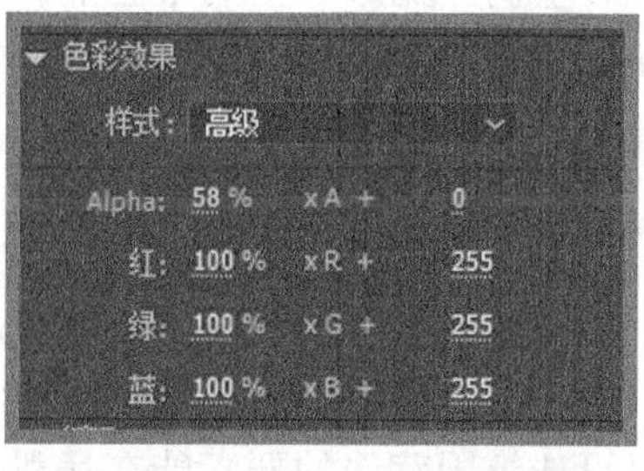

图 5.4.19　调整色彩

2）用任意变形工具调整音符大小，得到最终效果图，如图 5.4.20 所示。

图 5.4.20　最终效果图

技 能 提 示

在情绪背景的设计中添加肌理素材可以增加画面的质感。肌理素材需要参考时下流行的平面设计，并进行适当的简化和变形，作为画面的辅助效果。

知 识 拓 展

- 在刻画人物性格时，场景中不同的人物应搭配不同的色彩氛围，色彩的对比运用能够使多种人物角色在同一空间表达各种情绪，形成强烈的视觉冲击。
- 动画作品中可以利用不同色彩的特定氛围和情绪基调来刺激观众的视觉神经，形成画面色彩的整体倾向性。

任务小结

通过本任务的学习，归纳总结如下。

① 场景设计需灵活应用色彩基调、光影、空间形态和特效 4 个要素。

② 通过案例学会使用 Animate CC 的各种动画功能设计与制作动画情绪变化的背景。

课后练习

1. 选择题

① 下列（　　）动画场景设计氛围营造的要素能在场景完成后进行叠加。

A. 特效　　　B. 光影　　　C. 色彩基调　　　D. 空间形态

② 如果想要营造出阴暗沉闷的场景，应该用（　　）方式。

A. 用暖色调的色彩画出大片场景

B. 在场景中加入柔光特效
C. 用灰暗不明亮的光影营造氛围
D. 在场景中画出宽敞广阔的空间

2. 实践题

设计一张表示悲伤情绪的背景图。要求如下。
① 画面丰富有趣，富有美感。
② 情绪表达到位。

任务 5.5 场景转场动画设计与制作

任务介绍

本任务主要讲解场景的转场动画制作。通过制作动画片《不一样的闹剧》中的镜头转场，掌握让动画场景之间衔接更加生动、流畅的方法。

相关知识

1. 动画场景镜头转场的作用

构成动画片的最小单位是镜头，一个个镜头连接在一起形成的镜头序列叫作段落，而段落与段落、场景与场景之间的过渡或转换，就叫作转场，它会影响动画片的节奏和叙述的流畅性。转场是动画片中一个完整的叙事层次，就像戏剧中的幕、小说中的章节一样，将一个个段落连接在一起，构成完整的动画片。

2. 转场的分类

转场主要分为技巧转场和无技巧转场两大类。
（1）技巧转场
技巧转场指通过如淡入淡出、闪白、黑场过渡、叠化等特效来转换两个有差异的镜头。随着计算机和影像技术的日益发展，技巧转场的样式也层出不穷。技巧转场是通过计算机后期技术来衔接两个不同的镜头，一般起到视觉心理上隔断的效果，在叙述情节上有较为明确的段落层次感。因此，技巧转场运用在动画片的穿越情节中，通常起到在镜头中拉开时空，确立出比较明确的视觉感受的作用。
（2）无技巧转场
无技巧转场是指用镜头自然过渡来连接上、下两段内容，主要适用于蒙太奇镜头段落之间的转换和镜头之间的转换。与情节段落转换时强调的心理隔断性不同，无技巧转场强调的是视觉的连续性，并不是任何两个镜头之间都可应用无技巧转场方法，运用无技巧转场方法需要注意寻找合理的转换因素和适当的造型因素。无技巧转场的方法主要有以下几种。

1）两极镜头转场：指两个极端景别衔接镜头之间的转换，这类效果主要强调对比。

2）同景别转场：前一个镜头场景结尾的镜头与后一个场景开头的景别相同。

3）特写转场：对局部进行突出强调和放大，展现一种平时在生活中用肉眼看不到的景别。

4）声音转场：用音乐、音响、解说词、对白等声音和画面的配合实现转场。

5）空镜头转场：空镜头是指一些以刻画人物情绪、心态为目的，只有景物而没有人物的镜头。空镜头转场具有一种明显的间隔效果，作用是渲染气氛、刻画心理，有明显的间离感。另外，为了叙事的需要，可表现时间、地点、季节变化等。

任务分析

实训目的： 掌握动画场景转场设计方法，并根据镜头需要灵活运用。

操作要求： 要求场景的衔接要流畅，带给观众良好的视觉体验。

技能点拨： 灵活运用转场可以增加动画的流畅性。

任务实施

1. 叠化转场制作

1）新建图层 6 和图层 7，两个图层的时间轴如图 5.5.1 所示。在图层 6 上添加图 5.5.2 所示的开始镜头，在图层 7 上添加图 5.5.3 所示的结束镜头。

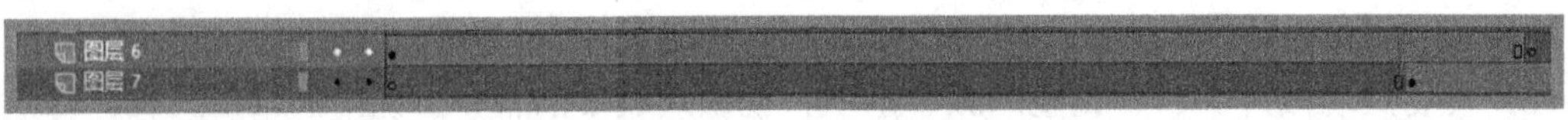

图 5.5.1 两个图层时间轴

图 5.5.2 开始镜头

图 5.5.3 结束镜头

2）在需要加转场的两个镜头相接地方的时间轴上保留一节重叠部分，在图层 6 相叠的部分插入两个关键帧，分别是第 76 帧和第 86 帧，如图 5.5.4 所示。

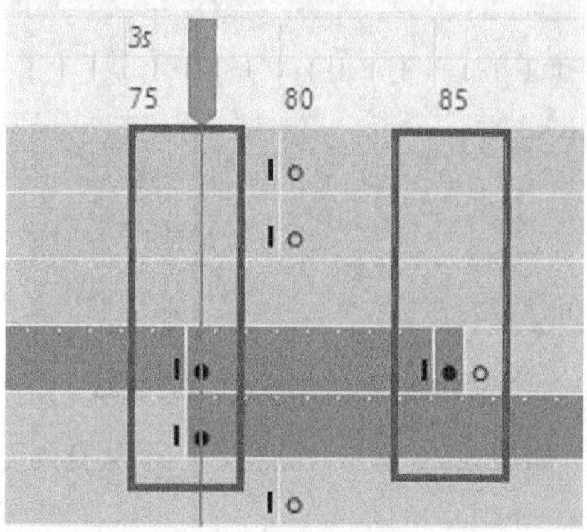

图 5.5.4　在相叠部分插入关键帧

3）在两个关键帧中间右击，在弹出的菜单栏中选择“创建传统补间”命令，创建传统补间，如图 5.5.5 所示。

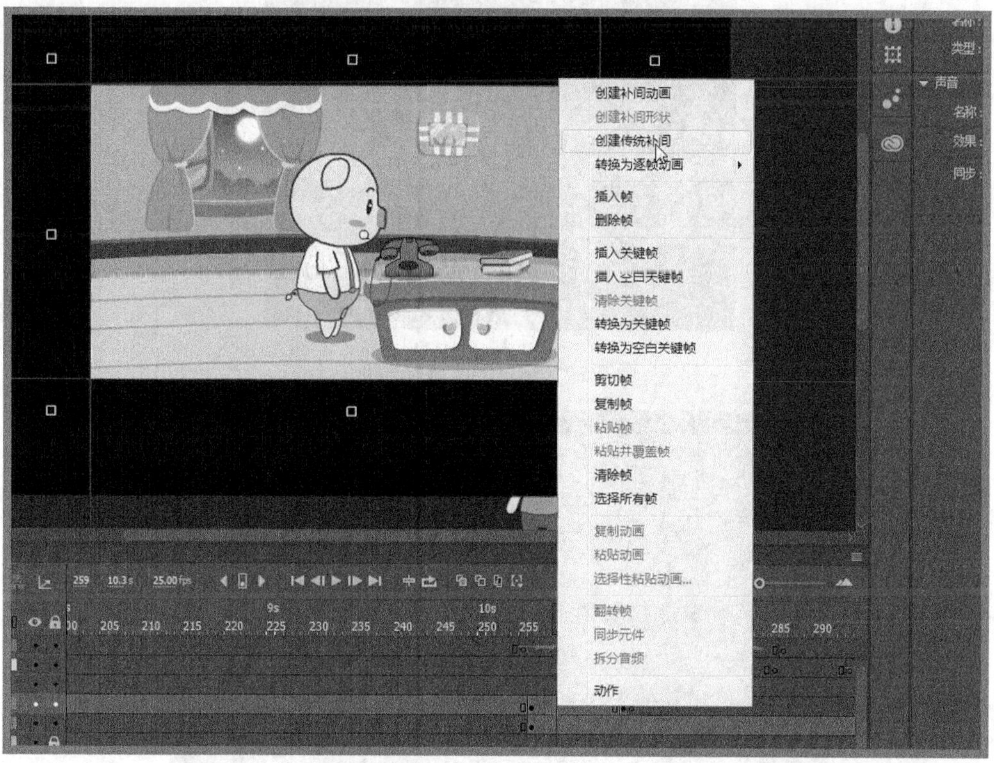

图 5.5.5　创建传统补间

4）选择第 85 帧关键帧，在“属性”面板，选择“样式”为 Alpha，如图 5.5.6 所示。

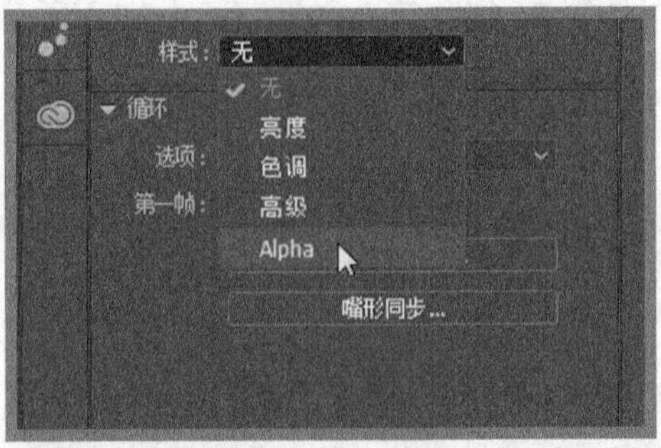

图 5.5.6　选择“样式”为 Alpha

5）把 Alpha 调整为 0，如图 5.5.7 所示。这样，一个从有到无的叠化转场就做好了，叠化转场效果如图 5.5.8 所示。

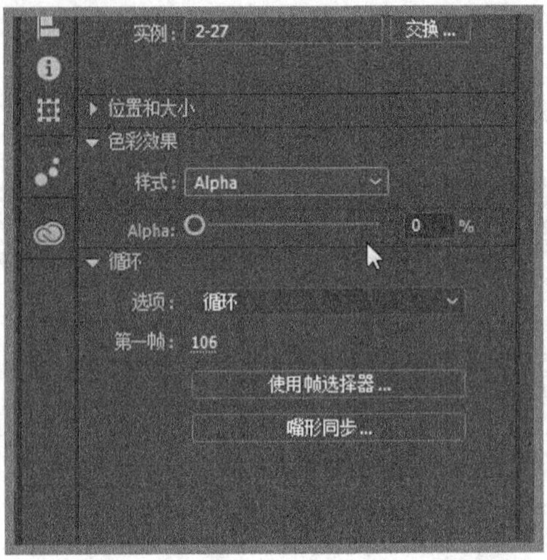

图 5.5.7　把 Alpha 调整为 0

图 5.5.8　叠化转场效果

2. 碎片特效转场

1）新建图层，在转场镜头开始创建一块大于舞台的白色矩形，如图 5.5.9 所示，在第 52 帧插入关键帧，如图 5.5.10 所示。

图 5.5.9　白色矩形

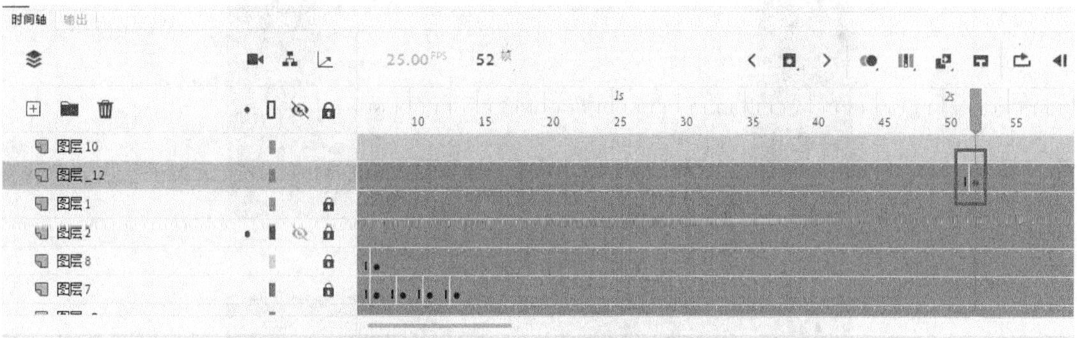

图 5.5.10　在第 52 帧插入关键帧

2）进入白色矩形的图形元件中，按以下方式逐帧完成，最后白色矩形变成小碎块消失，如图 5.5.11～图 5.5.15 所示。

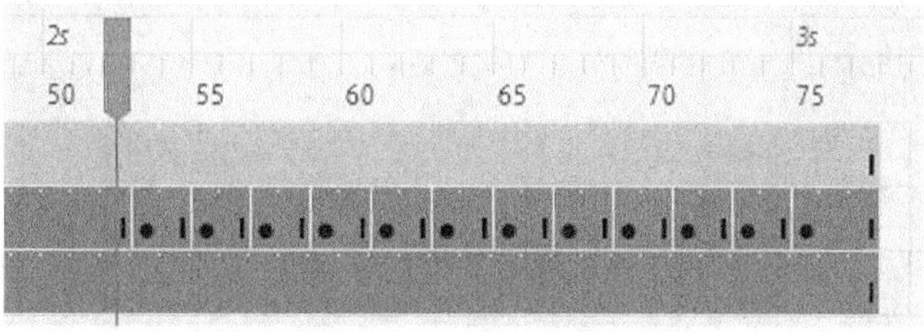

图 5.5.11　白色矩形消失对应时间轴

图 5.5.12　小碎块消失过程图 1

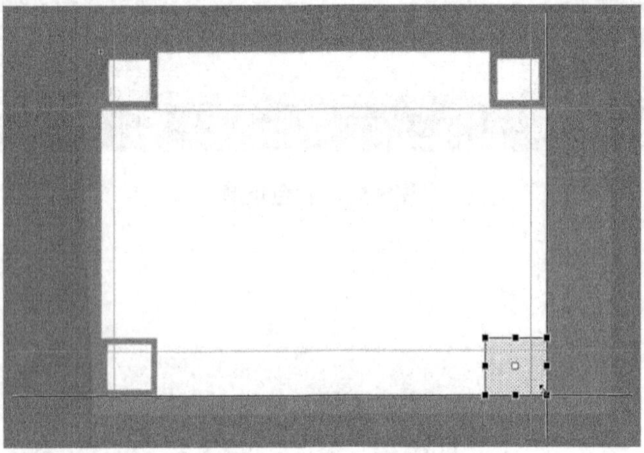

图 5.5.13　小碎块消失过程图 2

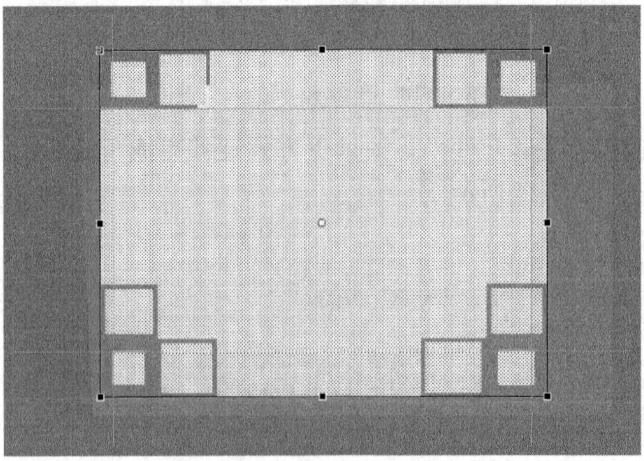

图 5.5.14　小碎块消失过程图 3

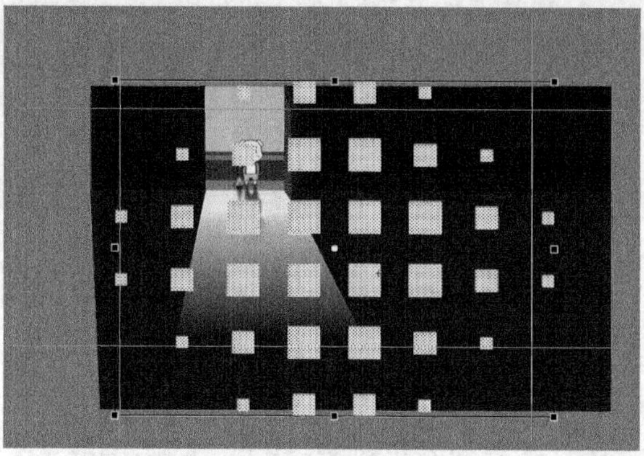

图 5.5.15　小碎块消失过程图 4

3）将小碎块逐帧消失后，把图层设置为“遮罩层”，这样一个带特殊样式的转场就做好了，如图 5.5.16～图 5.5.18 所示。

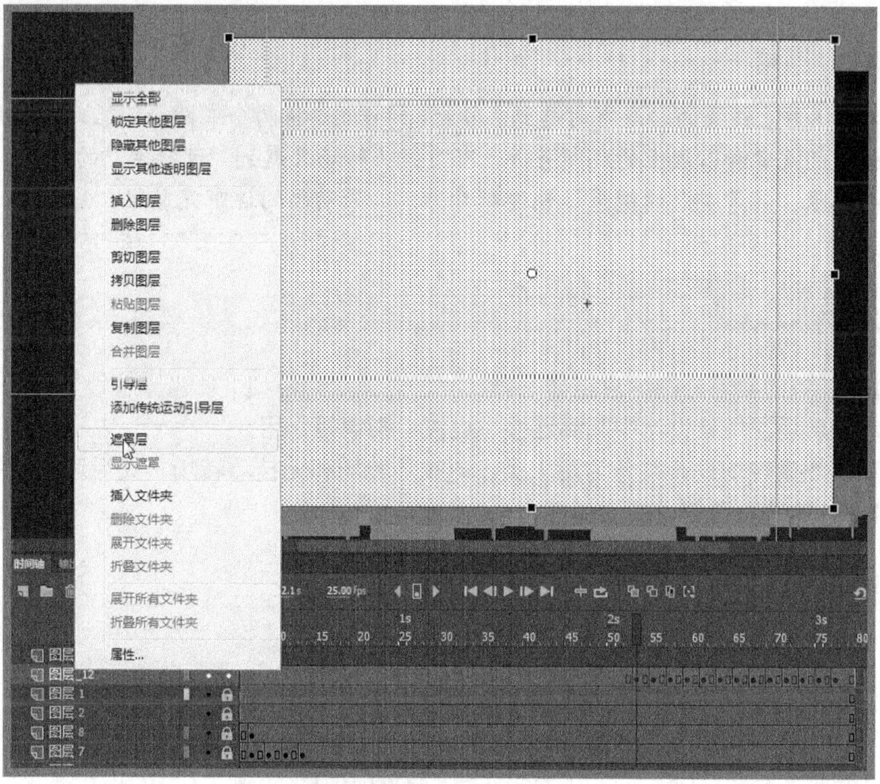

图 5.5.16　设置遮罩层

图 5.5.17　遮罩图层

图 5.5.18　转场最终效果

知识拓展

在动画片中，镜头的转场有时起到“句号”的作用，将两个或两个以上时空区别开来，制造出强烈的视觉和心理上的隔断差异；有时镜头转场又起到“连接号”的作用，可以模糊时空的界限、混淆观众的视听、制造新奇感、加强动画的连贯完整性。

任务小结

通过本任务的学习，归纳总结如下。

① 动画转场在场景设计中起到连接、过渡、强调等作用。

② 动画场景转场设计共分为两大类，即技巧转场和无技巧转场。灵活运用其中的方法会影响到影片的节奏和叙述的流畅性。

课后练习

1. 选择题

① （　　）的效果主要是强调对比。

A. 两极镜头转场　　B. 同景别转场

C. 特写转场　　D. 声音转场

② （　　）属于技巧转场。

A. 叠化转场　　B. 同景别转场

C. 两极镜头转场　　D. 特写转场

2. 实践题

为案例中《不一样的闹剧》片段设计一个圆形扩散的转场。要求如下。

① 画面连接流畅、自然。

② 转场时长合理、不拖沓。

项目 6

动态设计与制作

角色的动态表现必须基于良好的演技和出众的外形，方能展现出一个优秀的、有生命力的动画角色。角色的动态就是角色的动作与神态，动作与神态对于动画角色来说是不可或缺的两个重要元素，也是在角色设计中需要着重刻画的内容。

学习目标

- 掌握角色的基本运动规律，学习 Animate CC 父子图层肢体动作制作。
- 掌握特定情景中动画角色的情绪与情感表现手法。
- 学习 Animate CC 自动同步口形动画制作。
- 学会自然效果动画的制作，学习用 Animate CC 资源变形工具制作动画。

素养目标

- 培养学生小组合作、自主探究的能力。
- 培养学生自我激励、自我展示、勇于尝试的精神。
- 通过设计角色动态，能够使学生端正学习态度，培养学生精益求精的“工匠精神”。

任务 6.1　人物角色动作设计与制作

任务介绍

本任务学习如何制作人物角色的走、跑动作，通过了解人的运动规律，学会运用软件制作角色动作。

相关知识

人物基本的运动规律

1. 了解人物基本的运动规律

运动规律是对自然界物体运动的归纳和提炼，要想让角色动作变得真实可信，吸引观众，研究人的运动规律不可或缺。接下来了解一下人行走时的相关规律。

（1）侧面行走

如图 6.1.1 所示，人在行走过程中，头顶的高低呈波浪形，当双脚着地时头顶就略低；当一只脚着地另一只脚提起朝前弯曲时，头顶就略高。

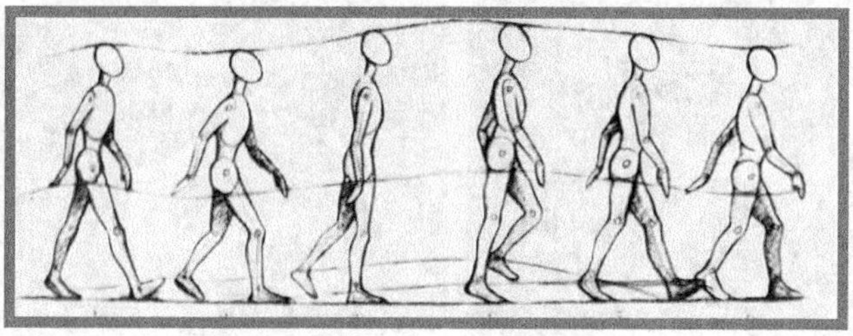

图 6.1.1　人物的侧面行走

（2）行走时脚部运动规律

人在行走时，一般是髋关节主动抬腿，膝关节和踝关节做随动的弯曲。因此，行走时的脚踝与地面形成了弧线轨迹，如图 6.1.2 所示。

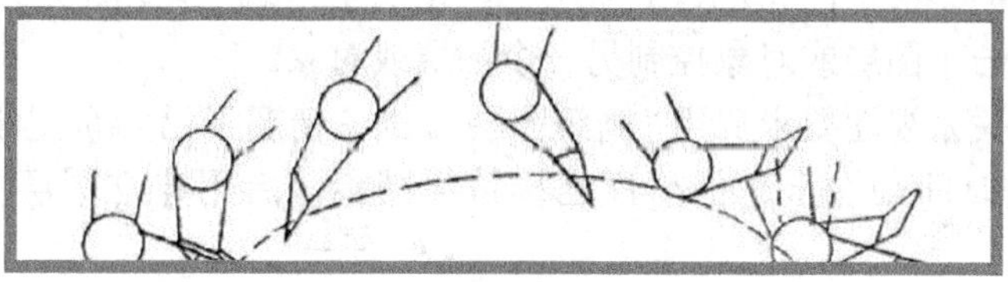

图 6.1.2　脚部运动规律

（3）行走时手臂运动规律

人在行走过程中，双臂摆动呈弧线，如图 6.1.3 所示。这些弧线的弧度变化取决于人物的神态、姿势、年龄、身体状况和情绪等因素。

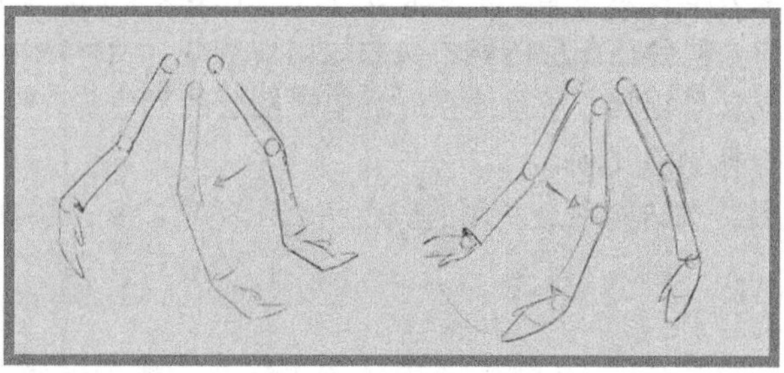

图 6.1.3　手臂运动规律

2. 角色动作节奏

为了让角色动作不僵硬、更自然，在人物动作结束时，人物身上某些东西并没有停止。例如，身上的衣服、头发及装饰品等会在角色停止运动后，因惯性作用而持续运动，这是动画中最常见的一种跟随状态，如图 6.1.4 所示。

图 6.1.4　杨排风侧跑时的动作

3. 了解 Animate CC 父子图层

Animate CC 可以将一个图层设置为另一个图层的父项。建立图层父子关系的一种简单方法是允许动画的一个图层或对象控制另一个图层或对象。

建立图层父子关系视图要求启用“高级图层”。默认情况下已为新文件打开“高级图层”。

可以通过单击时间轴右上角的层次结构符号图标，启用建立图层父子关系视图，如图 6.1.5 所示。

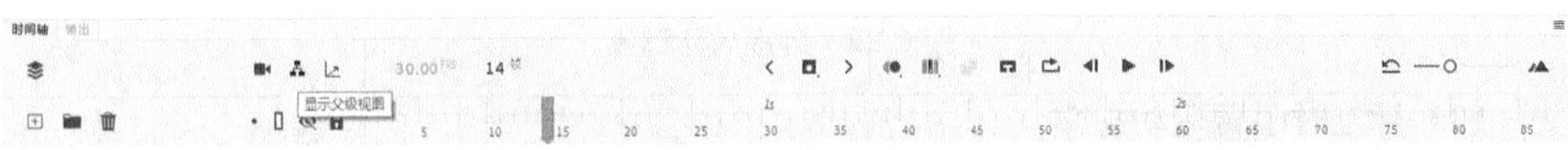

图 6.1.5　显示父级视图

单击一个图层旁边方框任意位置，将其拖动到另一个图层上，将两个图层建立父子连接。当单击并尝试拖动线时，就会在图层的颜色头附近出现虚线。当释放单击和拖动操作时，就会在两个图层之间建立父子连接。解除连接时，单击图层的颜色头，拖动虚线并释放，即可删除连接，也可单击选择删除父项。

图层父子关系视图层次结构中最左侧的颜色头表示父项。父子层次结构从左向右移动。

任务分析

实训目的： 通过案例掌握运用角色走、跑的基本运动规律，并结合角色的各种表演技巧制作动画。

操作要求： 角色动作设计要符合该角色形象，学会运用父子图层制作肢体动作。

技能点拨： 运用 Animate CC 的父子图层时，要注意图层之间的上下关系。

任务实施

1. 分析剧本角色特征

在为角色设计动作前，要充分了解该角色造型的特征、比例、转面变化、基本结构、服装样式及装饰挂件等。想要设计出性格鲜明的角色形象，就要对角色人物反复研究。

以前面学习的《神奇小侠》中的人物角色穆童和杨排风为例，角色性格表见表 4.1.1 和表 4.2.1。

结合角色性格表和之前的学习得到以下信息。

1）角色穆童、杨排风处于少年阶段，在设计动作时，可以有意识地夸张，体现少年活泼感。

2）角色杨排风是一个飒爽有侠气的少女，因此在表演上既要有少女特质，又要有英气的一面。

3）角色穆童性格天真，胆大顽皮，动作变化快，人物性格突出，如图 6.1.6 所示。

图 6.1.6　穆童形象

2. 制作穆童行走的动画

这里为穆童设计一个走路的动作，接下来为大家展示角色动作设计步骤（仅供参考）。

1）运用人物走对位法设计制作，这种设计方法是先制作动作最低点的帧和最高点的帧，然后再调整制作其他帧。首先导入角色素材，如图 6.1.7 所示。

图 6.1.7　穆童行走动作

2）如图 6.1.8 所示，制作第 1 帧（原画）。第 1 帧是动作的开始及最低点，此时，内侧脚的脚跟落地，外侧脚的脚掌落地，脚跟抬起，如图 6.1.9 所示。

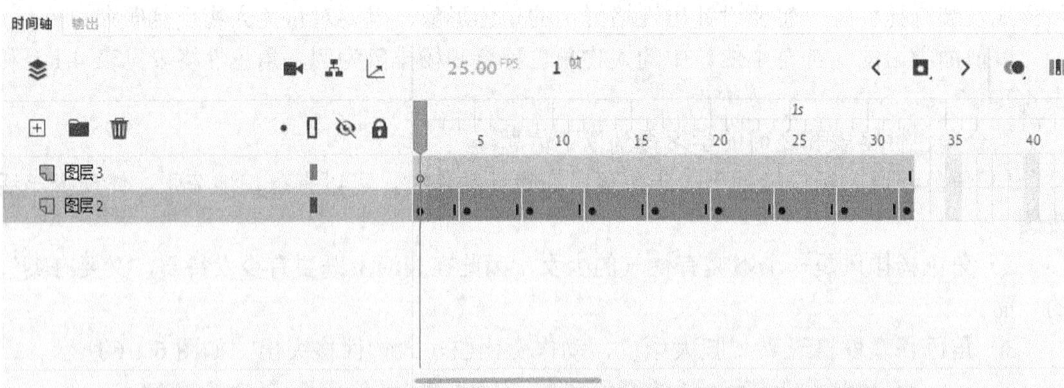

图 6.1.8　第 1 帧

图 6.1.9　动作的开始及最低点

3）如图 6.1.10 所示，在第 16 帧插入关键帧（原画）。制作第 1 步的结束帧，也是动作最低点之一，该帧的动作和第 1 帧正好相反，如图 6.1.11 所示。

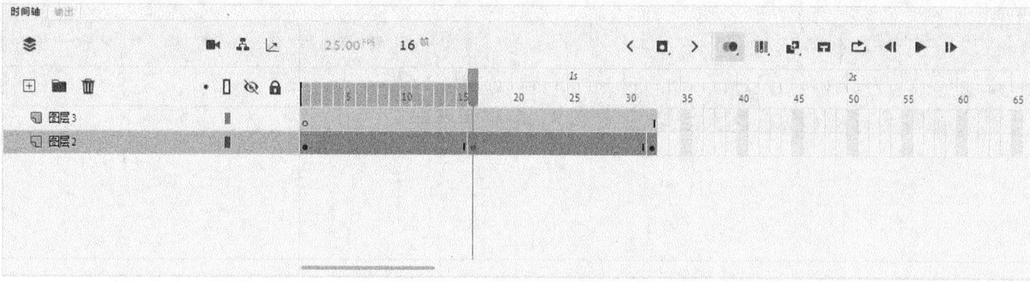

图 6.1.10　在第 16 帧插入关键帧

图 6.1.11　第 1 步的结束帧

4）如图 6.1.12 所示，注意脚部对位，后脚跟抬起，要对着第 1 帧落地的动作。

图 6.1.12　脚部对位

5）如图 6.1.13 所示，在第 31 帧插入关键帧（原画），把第 1 帧角色复制并移动到正好走两步的位置上，与第 16 帧关键帧的动作相对应，如图 6.1.14 所示。

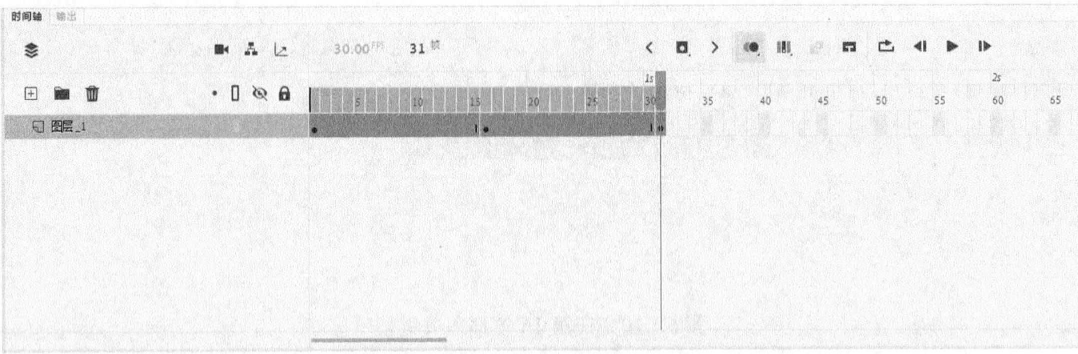

图 6.1.13　在第 31 帧插入关键帧

图 6.1.14　动作对应

6）确定动作的两个最高点。第一个是第 7 帧关键帧（小原画），角色内侧的腿直立，外侧腿微微抬起，使用参考线可以明确看出第 7 帧的角色在第 1 帧和第 16 帧之间显得比较高，如图 6.1.15 和图 6.1.16 所示。

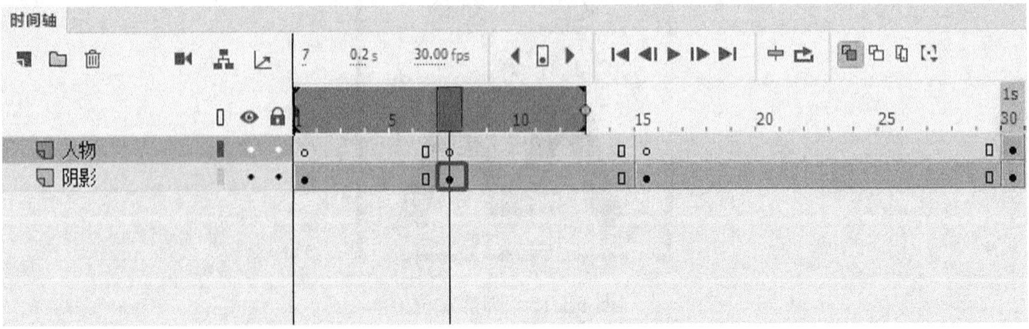

图 6.1.15　第 7 帧关键帧

图 6.1.16　第一个最高点动作

7）确定第 24 帧关键帧为第二个最高点的动作，并绘制，如图 6.1.17 和图 6.1.18 所示。

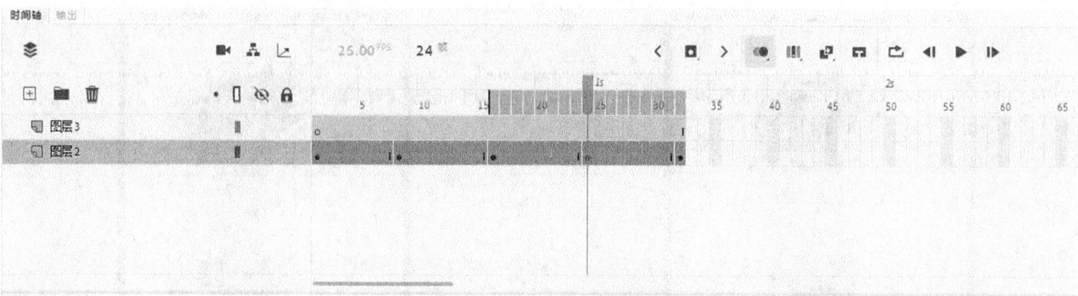

图 6.1.17　第 24 帧关键帧

图 6.1.18　第二个最高点的动作

8）最后在两组动作中根据前面学到的人物动作运动规律，添加 4 张中间画，分别为第 3、12、20、29 帧关键帧，如图 6.1.19～图 6.1.22 所示，这样一个完整的走就完成了。

图 6.1.19 第 3 帧画面

图 6.1.20 第 12 帧画面

图 6.1.21 第 20 帧画面

图 6.1.22 第 29 帧画面

9）在完整的走动画基础上，制作一个长距离走的动画。动画开始时间轴及画面如图 6.1.23 和图 6.1.24 所示。

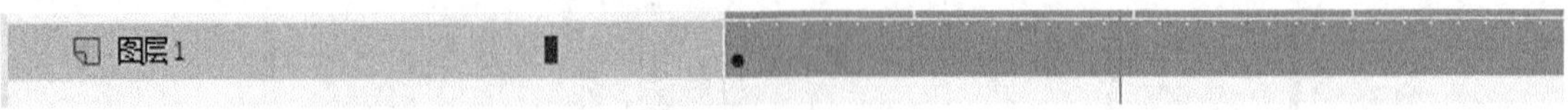

图 6.1.23 关键帧

10）在第 1 步走完后插入关键帧，然后移动角色对上一个结束动作的位置，重复这个操作，直到角色走完所有的距离，如图 6.1.25 和图 6.1.26 所示。

11）最终穆童完整走路过程图如图 6.1.27 所示。

图 6.1.24　走的元件

图 6.1.25　插入关键帧

图 6.1.26　重复操作

图 6.1.27　完整走路过程图

3. 制作杨排风跑动的动画

这里为杨排风设计奔跑的动作，接下来为大家展示角色动作设计步骤（仅供参考）。

1）同样使用人物跑对位法设计制作。首先导入角色素材，如图 6.1.28 所示。这个素材就是第 1 帧，也是动作的最低点，脚部抬起，外侧脚掌落地，身体向前倾斜。

图 6.1.28　第 1 帧动作

2）如图 6.1.29 所示，在时间轴的第 9 帧插入关键帧，制作第 1 步的结束帧，也是动作的最低点，与第 1 帧动作内外相反；在第 15 帧插入关键帧，这是第 1 帧动作之前的帧，外侧脚跟着地，内侧的腿高高向后抬起，如图 6.1.30 所示。

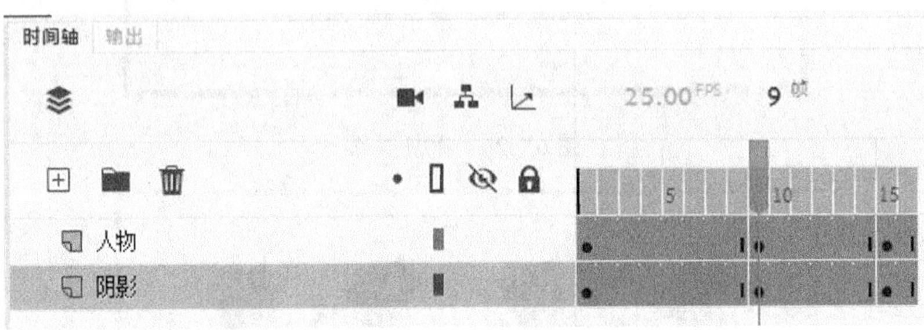

图 6.1.29　在第 1 帧、第 9 帧、第 15 帧插入关键帧

图 6.1.30　第 1 帧、第 9 帧、第 15 帧动作

3）如图 6.1.31 所示，在第 5 帧、第 13 帧插入关键帧，制作最高点的动作，角色腾空飞跨，这两帧腿部动作相反，其他动作相同，如图 6.1.32 所示。

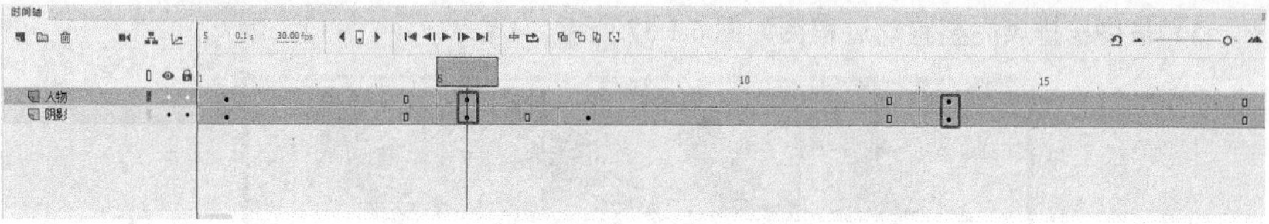

图 6.1.31　在第 5 帧、第 13 帧插入关键帧

图 6.1.32　第 5 帧、第 13 帧动作

4）如图 6.1.33 所示，在第 3 帧、第 11 帧插入关键帧，这两帧动作接近，都是奔跑离地跃起一瞬间的动作，但这两帧脚的前后关系是有区别的。使用绘图纸外观工具以第 1、9 帧为参照绘制，注意脚部对位，如图 6.1.34 和图 6.1.35 所示。在第 7 帧插入关键帧，以第 9 帧为参照制作落地效果，如图 6.1.36 所示。

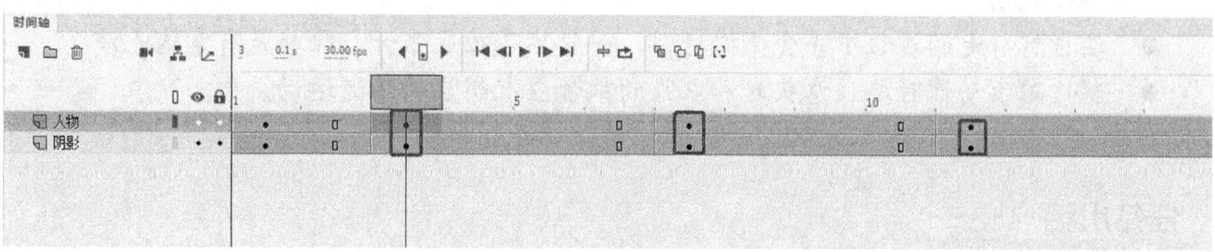

图 6.1.33　在第 3 帧、第 7 帧、第 11 帧插入关键帧

图 6.1.34　第 3 帧动作

图 6.1.35　第 11 帧动作

图 6.1.36　第 7 帧动作

5）最终杨排风完整跑动过程图如图 6.1.37 所示。

图 6.1.37　完整跑动过程图

技能提示

- 脚部是走动作的支点，脚跟是脚部最先运动的部分，无论是抬起还是落地，都是脚跟先动。
- 在自然行走的过程中手会微微握拳，一般不会彻底张开，除非是有意地表演。
- 制作跑步动作时要注意头发和衣服的飘带应有明显的跟随运动。

任务小结

通过本任务的学习，归纳总结如下。

① 在制作人走和跑的动画时要熟悉人走和跑的运动规律，使用 Animate CC 软件先制作开始动作和结束动作，制作动作的最高点和最低点，最后添加过渡动作。

② 人走和跑的动画制作都要把握动作细节，比如手的动作、脚的动作、头发的飘动等。

课后练习

请尝试运用所学的知识，为角色“杨排风”设计一个走路的动作。要求如下。

① 动作符合角色性格要求。

② 动态设计符合角色运动规律。

任务 6.2　角色情感表现

任务介绍

本任务通过制作动画片《不一样的闹剧》中小狗的情感表现片段，学习如何丰富角色的情感表现，把握角色在剧情中的情绪与情感，使角色形象更具有魅力。

相关知识

角色情感表现的方式

1. 角色情感表现的方式

（1）通过表情表现情感

角色情感表现离不开细节表现，而表情细节特征往往是角色情感的主要表达方式。除了简单的喜、怒、哀、乐外，角色情绪也可以细化为羡慕、讨厌、憎恶、痴迷等不同层面。原创动画片《Marry+U》里女主角被男主角嘲笑其名字时的表情细节，如图 6.2.1 所示。通过表情中凌厉的眼神、噘起的嘴巴、紧锁的眉头、脸上的红晕这样的细节，可以使人感受到人物被嘲笑后的愤怒情感表现。

图 6.2.1　原创动画片《Marry+U》的表情细节

（2）通过动作表现情感

动画角色的塑造离不开动画人物的动作展现，通过动作来展现动画角色的情感。角色动作设计往往是根据角色本身的心理活动或者情感表现入手。例如，动画片《神奇小侠》中杨排风往后倒的动作，是根据她想挣脱小胖时害怕和拒绝的心理活动而设计的，如图 6.2.2 所示。

图 6.2.2　杨排风往后倒的动作

（3）通过画面色彩表现情感

一幅画面要给观众传达情感，最直接的方式是在画面上通过色彩和形体的对比、变化以及调整颜色明暗、饱和度等手法，达到对视觉的刺激。图 6.2.3 所示的《不一样的闹剧》中小猪跳舞时，整个舞台五彩斑斓、光芒闪耀，体现了小猪无比欢快的情绪。

图 6.2.3　小猪在舞台上跳舞

2. 预备动作与缓冲动作

预备动作就是动画角色在朝某一设定动作方向运动之前所呈现的一个反方向的动作。在动画片中，预备动作能让动作表演更鲜明、有力，富有韵味。在一系列组合动作结束时，缓冲动作能使角色的动作更趋合理，缓冲动作既可以是一组动作的结束，又可以是下一个动作的预备动作，如图 6.2.4 所示。

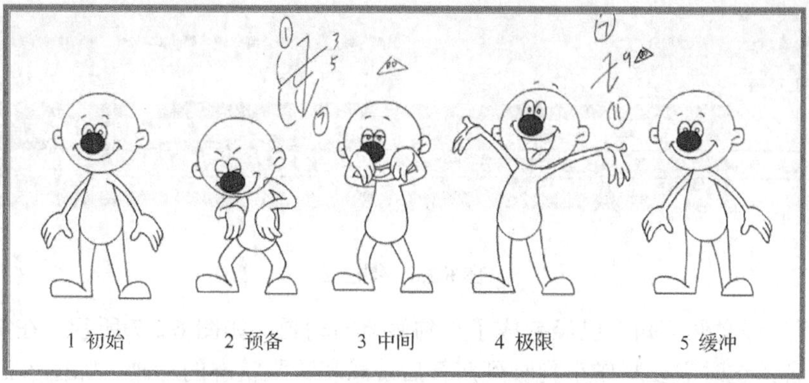

图 6.2.4　预备动作和缓冲动作

任务分析

实训目的： 熟悉角色的情感表现方式，掌握某情景中动画角色的情绪与情感表现。把握角色情感变化，将角色情感与基本运动规律相结合。

操作要求： 注意观察体会角色的表情及动作，感受其细微情感的变化。合理运用动态线和重心线，准确把握角色的情绪与情感。

技能点拨： 在分析某情景中动画角色的情绪与情感表现时，要将角色放入故事情节及大场景中进行分析。

任务实施

1. 理解文字脚本

这里根据“小狗看见有人来，吓得连忙逃窜”文案进行情感表现的动画制作，这组动作可以分为两个部分：一是“看见有人来”；二是“吓得连忙逃窜”。“看见有人来”是情感变化较为平稳的动作，“吓得连忙逃窜”是情感转变激烈的动作。

2.“看见有人来”情感表现动画设计与制作

1）打开工作文件，两次双击角色小狗，进入图形元件 08-23 内，如图 6.2.5 所示。时间轴上的图层 2 是小狗动画所在图层，所有动画都要在此图层上制作，如图 6.2.6 所示。

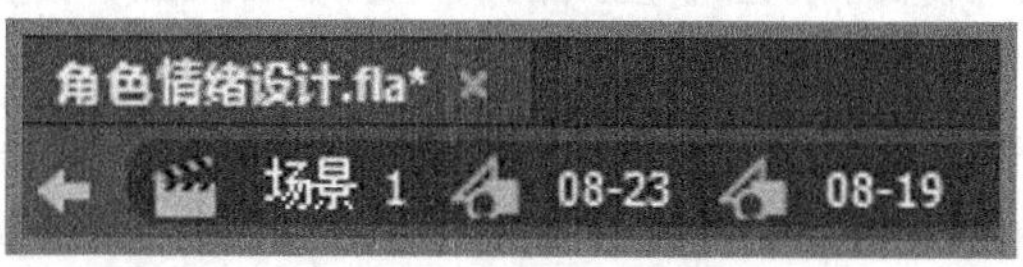

图 6.2.5　图形元件 08-23

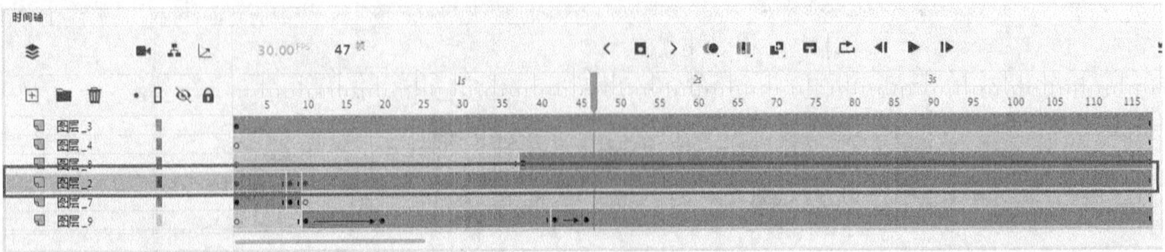

图 6.2.6 图层 2

2）打开工程文件可知，已经完成了小狗偷笑的动画，如图 6.2.7 所示，在第 38 帧远处突然传来声音，这时需要制作小狗听到声音后疑惑和紧张状态的动画。如图 6.2.8 所示，在第 65 帧插入关键帧（按 F6 键）。先把这个元件解组（按 Ctrl+B 组合键），解组是为了不影响前面的动画，如果直接进入这个元件里面画，就会改变之前该元件里所有动画。

图 6.2.7 小狗偷笑动画

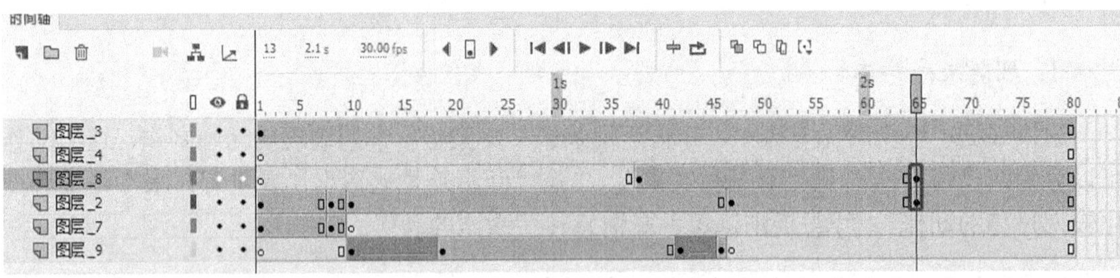

图 6.2.8 在第 65 帧插入关键帧

3）小狗先听到后面有人的脚步声才往后看，情绪是递进的，所以首先要加一个疑惑紧张的状态，注意疑惑紧张状态时嘴巴不会张很大，眼睛画大点、圆点，手从嘴巴上移开，如图 6.2.9 所示。

4）选中头部将其转换成图形元件，并命名为元件 16。双击进入图形元件 16，进行眼睛的动画制作。在图形元件 16 内的时间轴上添加帧至第 45 帧，然后分别选中两个黑眼珠，新建两个图层，并把两个黑眼珠分别剪切到新建图层中。因为这个镜头表现的是小狗听见了远处的声音，先愣住然后往后瞟了一眼，所以要留出小狗发愣的时间。在两个新图层的第 10 帧创建关键帧，把两个眼珠向左移动，完成眼睛向后瞟的结束动作，然后在两个新建图层的第 7 帧插入关键帧，确定眼珠运动的开始动作，在两个图层的第 7 帧与第 10 帧两个关键帧之间创建形状补间动画，这样眼睛的动画就完成了，如图 6.2.10～图 6.2.12 所示。

图 6.2.9　小狗听到声音后疑惑和紧张状态

图 6.2.10　在第 10 帧插入关键帧

图 6.2.11　小狗愣住

图 6.2.12　小狗往后瞟

因为中间状态动作幅度都不大，所以不需要预备帧，预备帧一般都是在做大幅度动作时才会有，如接下来的惊吓状态。

3. “吓得连忙逃窜”情感表现动画设计与制作

1）制作惊吓状态的动作，这里动作幅度够大，所以需要给小狗添加预备动作。

在图层 2 和图层 7 的第 63 帧建立关键帧，如图 6.2.13 所示，画出惊吓状态的预备动作（也叫蓄力动作），它和主要动作相反，是为了让主要动作看起来更加有力。例如，跳远要先屈膝，手臂往后摆，然后再跳出去。预备动作 1 如图 6.2.14 所示。

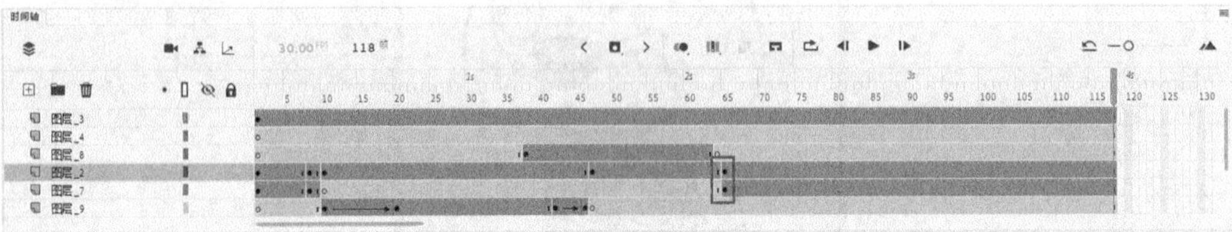

图 6.2.13　第 63 帧建立关键帧

图 6.2.14　预备动作 1

预备动作在起始动作和结束动作之间，所以在图层 2 和图层 7 的第 67 帧插入关键帧，如图 6.2.15 所示。因为惊吓的状态是向上的一个运动趋势，所以预备动作要往下，因而可以把小狗的身体挤压一下，但压下去的同时也要将身体拉宽一点，保持其体积大体不变，这一点很重要。头也需要转向，所以这里画成正面朝下的状态即可。预备动作 2 如图 6.2.16 所示。

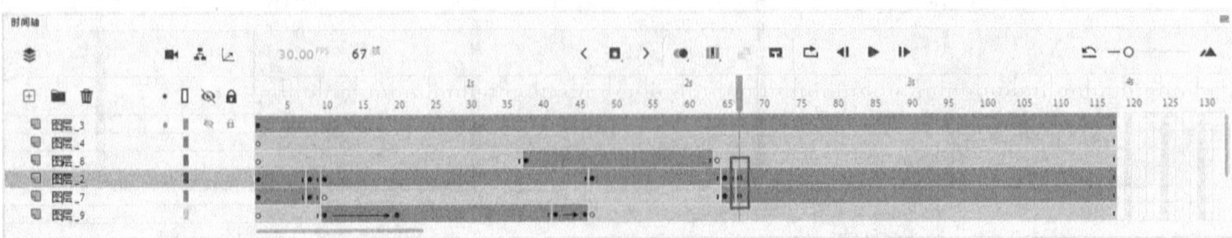

图 6.2.15　在第 67 帧插入关键帧

2）在第 70 帧插入关键帧，如图 6.2.17 所示，制作惊吓的最终动态。

惊吓时，嘴会张大，整个身体也会因被吓而有后退的倾向，全身肢体也会充分张开，好为逃跑做准备，小狗惊吓状态动作如图 6.2.18 所示。这里为了更好地表现小狗的惊吓状态，让小狗直接吓得腾空。肢体的摆弄用“任意变形功能”（按 Q 键）进行调整即可，有些不能调整的就需要动手画一下。

图 6.2.16　预备动作 2

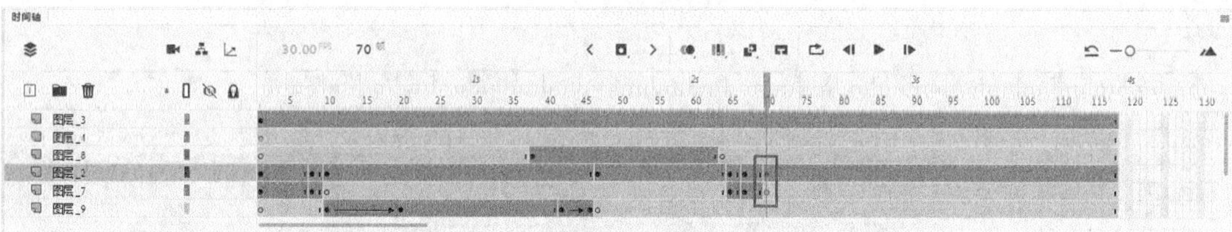

图 6.2.17　在第 70 帧插入关键帧

3）给惊吓状态添加动画，将角色转为图形元件，并将每个运动部分分层、转为元件。在元件的第 4 帧和第 7 帧插入关键帧，调整第 4 帧为下沉动作，并创建传统补间动画。惊吓状态动画时间轴如图 6.2.19 所示。

整体动作特征是在空中上下摆动，腾空时调整手、脚和耳朵的上下起伏即可，往上浮时，手、脚、耳朵往外张，下沉时则相反，如图 6.2.20 所示。

图 6.2.18　小狗惊吓状态动作

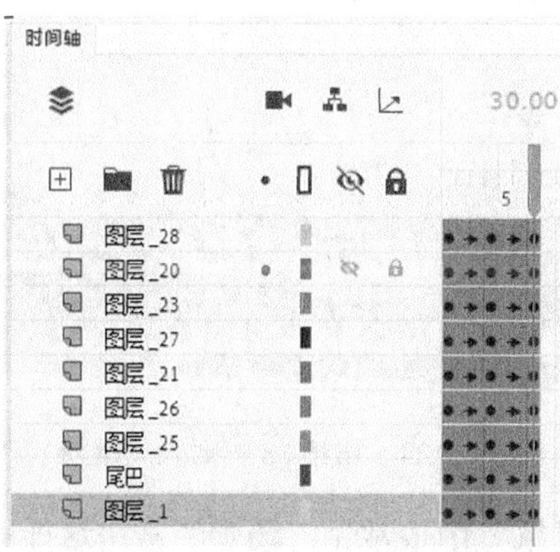

图 6.2.19　惊吓状态动画时间轴

图 6.2.20　惊吓动作运动

4）在第 90～96 帧，画出逃窜的动作，如图 6.2.21 所示。逃窜动作时间轴如图 6.2.22 所示。

图 6.2.21　逃窜动作

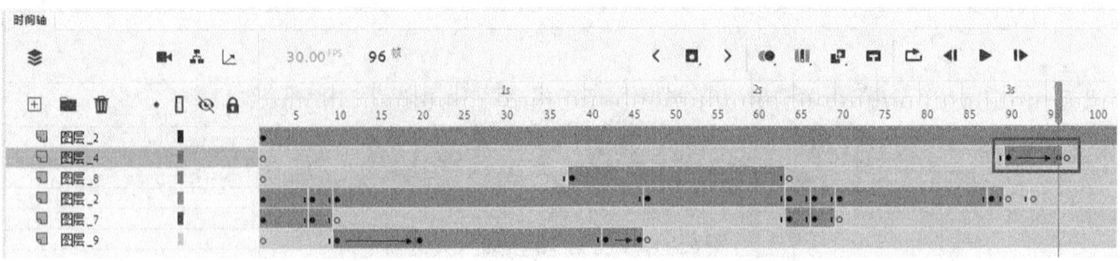

图 6.2.22　逃窜动作时间轴

为节省篇幅，这里主要介绍预备动作和情绪动作设计，对跑出去的动画效果不做讲解。

5）逃窜动作的预备动作是大幅度的动作，所以要在第 88 帧插入关键帧，如图 6.2.23 所示。逃窜动作的预备动作如图 6.2.24 所示，小狗以右腿为轴，闭眼低头，两臂及左腿向内弯曲向右抬起，全身向右扭转蓄力。

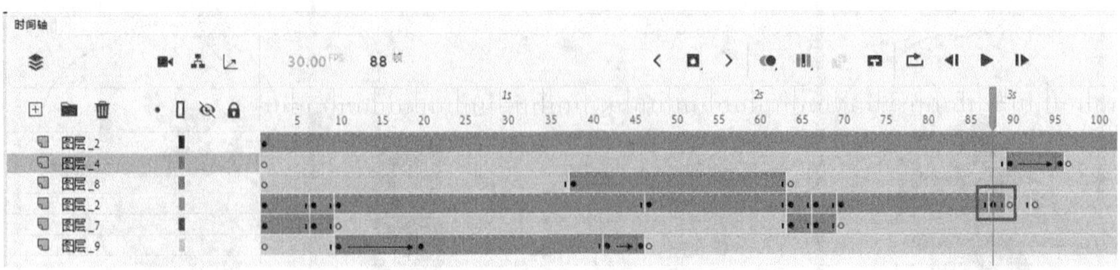

图 6.2.23　在第 88 帧插入关键帧

这个预备动作在《猫和老鼠》中很常见，汤姆经常用这样的姿势做预备，非常经典。

6）最终小狗完整惊吓、逃窜过程图如图 6.2.25 所示。

图 6.2.24　逃窜动作的预备动作

图 6.2.25　完整惊吓、逃窜过程图

技能提示

- 适当夸张的表情与动作可以更好地塑造角色形象，传递情感，推动故事情节的发展。
- 把握好角色不同情绪时动态的细微变化，可以更好地塑造角色形象。

任务小结

通过本任务的学习，归纳总结如下。

① 通过分析剧本要求，设计角色的动作及细微的表情等，符合人物情绪的人物动态可以更好地传达情感。

② 通过案例掌握预备动作设计和制作。

③ 通过案例掌握夸张的情感表现效果设计与制作。

课后练习

请根据下面提供的剧本片段，分析该情景中“杨排风”的情绪与情感表现，并为其设计一个轻松平缓地向前走路的动态。要求如下。

① 结合本任务的学习内容，从多个角度进行分析。

② 把握情绪对动态的影响。

《神奇小侠》剧本片段

树林小路

杨排风一边走一边羞着脸问穆童：“你没受伤吧！”

穆童甩甩头发，自信地说：“这算什么啊！”

小白虎卡卡跟在穆童身边。

穆童看着杨排风说：“对了！杨枫，小胖刚才为什么追你啊？”

杨排风不顾整理凌乱的头发，抬起头：“你这个怪人，我都说了，我不叫杨枫！”

穆童警惕地看了一眼杨排风，接着上下打量起来。

杨排风将棍子空中回旋一周竖着插在地上：“我是天波府的烧火丫头——杨排风！”

任务 6.3　角色对话设计与制作

任务介绍

本任务通过动画片《神奇小侠》中角色穆童的对话案例学习如何完成角色对话动态制作。除了需要刻画角色面部表情外，还要制作角色讲话神态和口形变化，学会把角色对话口形与肢体的表演相结合。

相关知识

常用的对白口形及设计方式

1. 常用的对白口形及设计方式

1）口形是指的口部形状。规范化口形（A～H 制度）如图 6.3.1 所示。

A：一个闭起来的口形，用来表现所有需要闭嘴的音节。

B：稍微张口，常常只露一点牙齿的口形。

C：口半张，并稍微显露出一点舌头。

D：嘴张大，带着笑意。

E：半张开的嘴，嘴角聚拢呈略微噘嘴的样子。

F：努嘴，嘴向前努，噘得很紧。

G：牙齿轻轻咬住下唇。

H：口半张，口中的舌头抵着上颚。

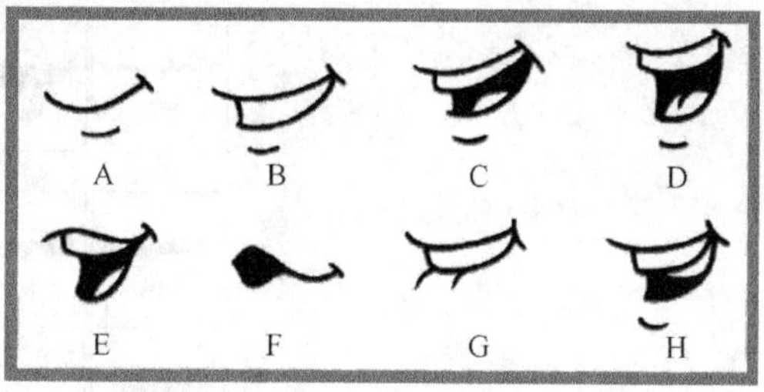

图 6.3.1　A～H 制度

2）不同地区的动画口形特点。

欧美动画：五官夸张、肌肉幅度基于写实基础。

日本动画：口、脸分层处理，面部不动，口部动作发生变化。

中国动画：风格介于欧美动画和日本动画之间。

需要注意的是，不同角色的头部结构决定对白的动作，如图 6.3.2 所示。

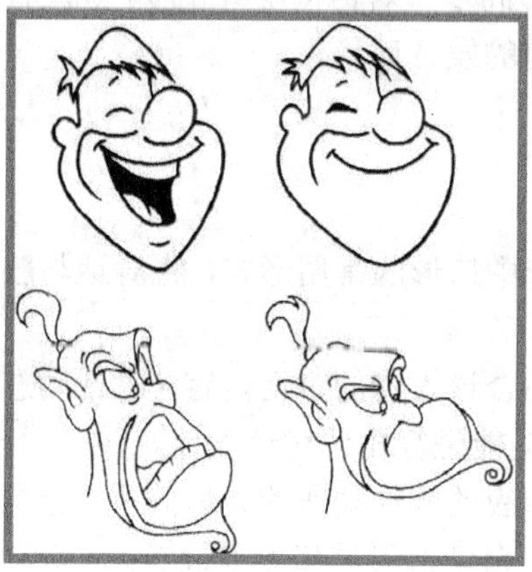

图 6.3.2　对白动作受头部结构的影响

2. 了解 Animate CC“嘴形同步”功能

“嘴形同步”功能允许根据所选音频层在时间轴上更轻松、快速地放置合适的口形。可以使用在图形符号内绘制的现有口形列表来实现。

在图形符号上应用“嘴形同步”功能时，分析指定的音频图层后，会在与音频发音口形匹配的不同位置自动创建关键帧。完成后，可以根据需要使用常规工作流程和帧选择器做进一步调整。

1）创建图形元件（口形）。制作角色的口形动画时，各声母对应的口形可以在网上找到参考，也可以参看其他动画片做比对。在如图 6.3.3 所示的“属性”面板中单击“嘴形同步”按钮，弹出如图 6.3.4 所示的“嘴形同步”对话框。

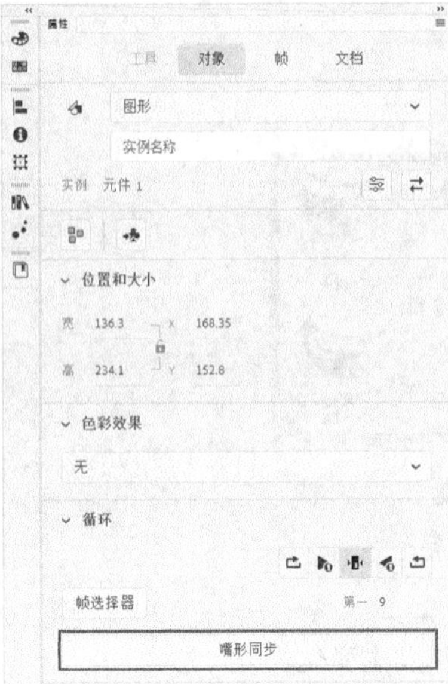

图 6.3.3 “属性”面板中的“嘴形同步”按钮

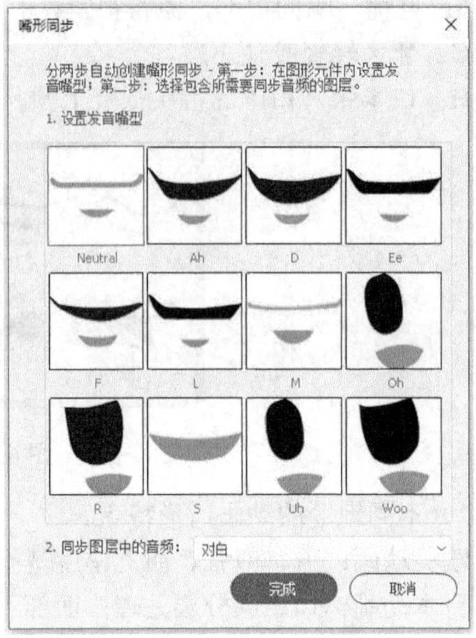

图 6.3.4 “嘴形同步”对话框

2）图 6.3.4 所示的“嘴形同步”对话框中有 12 种默认的发音口形，从弹出的列表中选择相应的帧，以将其设为当前的发音口形。

任务分析

实训目的：掌握对话设计中口形的常用形式，将对话与肢体语言相结合，从而塑造生动的人物形象。

操作要求：人物口形要贴合该人物的对话内容，对话动态符合人物个性特征。学会运用 Animate CC 的“嘴形同步”功能进行角色对话设计。

技能点拨：注意对话与相应的肢体动作的先后关系，一个字的发音不止一个口形。当音频同步设置为“数据流”时，自动口形同步效果最佳。

任务实施

1. 阅读剧本

《神奇小侠》剧本片段

风呼呼地在穆童耳边吹过。

这是一个金黄色的世界。周围的空气像水晶墙一样在缓缓地流动：“好神奇……”

穆童轻飘飘地飘浮着，他胆怯的脸上滚着汗，下意识地扭动着四肢。

穆童：“不会是时光穿梭机器吧？”

突然一阵晃动，穆童身形一颤："哎哟喂!"

穆童的身体开始了剧烈旋转。"啊!"穆童大叫。

穆童的身体像一团旋风越转越快，穆童抱着头："晕了，晕了，彻底晕了!!!"

旋转终于停止了，穆童的身子突然朝下落，速度很快，脚在上，头在下，穆童惊恐地挥舞着双手，想去抓住点什么："啊! 救命啊!!!"

2. 设计口形的要点

1）口形的变化要与脸部肌肉、眼神变化（表情）相配合。

2）口形的变化应以口部结构为基础，才不失原来形象的特点。

3）抓住重点，突出对白里最有代表性的几个口形动作，尽量避免繁杂、琐碎。

4）没有先期录音做标准时，需认真计算时间。注意语气和节奏，在摄影表上标出吐字和停顿的位置。

3. 分析角色情绪与情感

根据上面的学习，可知人物对白的口形会受角色情绪的影响。从剧本内容及前面对穆童的分析可知，此时他带有惊奇、惊恐、兴奋的情绪，因此穆童在对白的时候，口形与肢体幅度都会偏大。

4. 运用 Animate CC 自动口形同步完成动画制作

这里运用 Animate CC 的自动口形同步来进行对白设计（步骤仅供参考）。

1）了解常用的口形及每个口形的对应特征，具体内容见本任务相关知识，此处不再赘述。

2）如图 6.3.5 所示，将常用口形运用到人物里，将人物建成元件，在元件里做一个完整说话的循环。

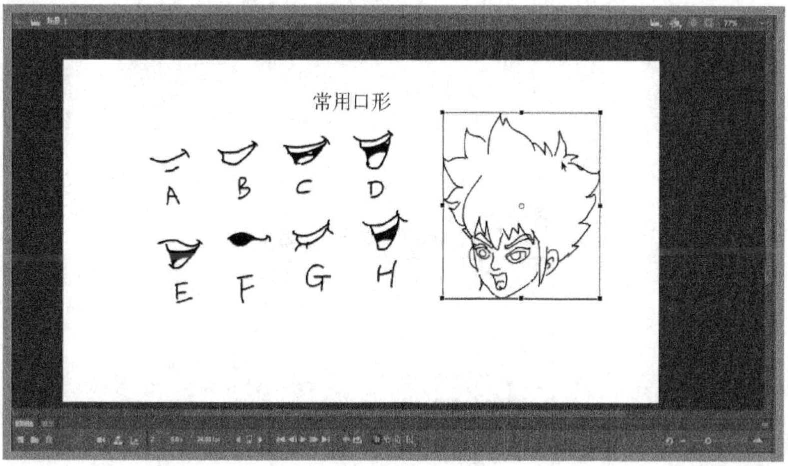

图 6.3.5 说话循环

3）将口形画好后，调整速度，一个完整的开心说话循环就做好了，如图 6.3.6 和图 6.3.7 所示。

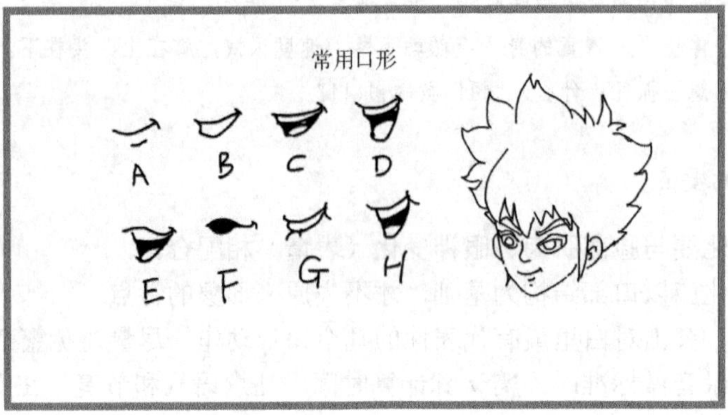

图 6.3.6 画口形

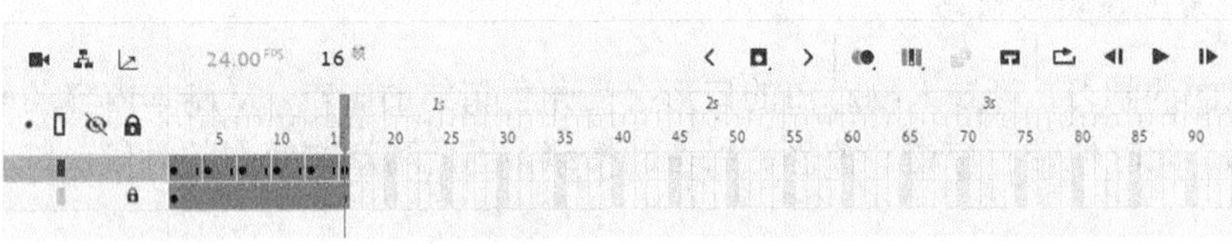

图 6.3.7 调整速度

4）如图 6.3.8 所示，将人声导入库里。

5）如图 6.3.9 所示，在人物说话图层上面建一个新图层后，将人声拖动到舞台。选择“声音”栏中“同步”下拉菜单中的“数据流”选项后再单击选择口形即可同步，如图 6.3.10 所示。

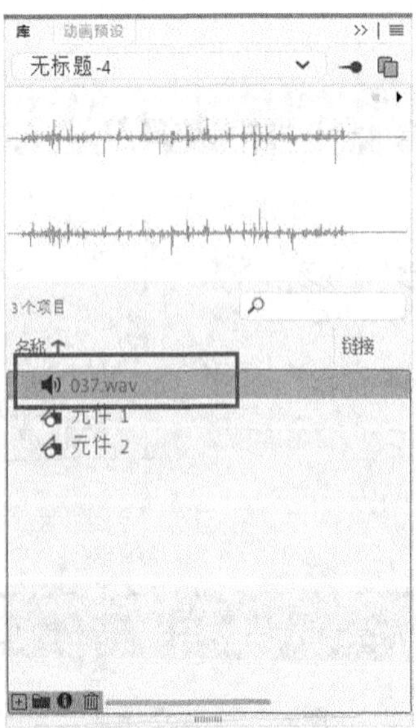

图 6.3.8 导入人声

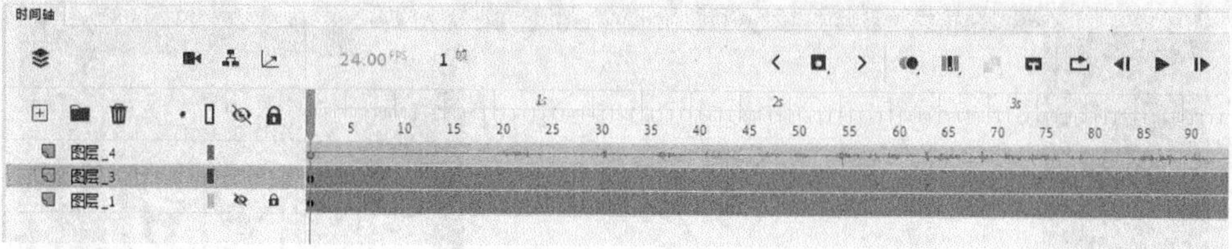

图 6.3.9　时间轴上的人声

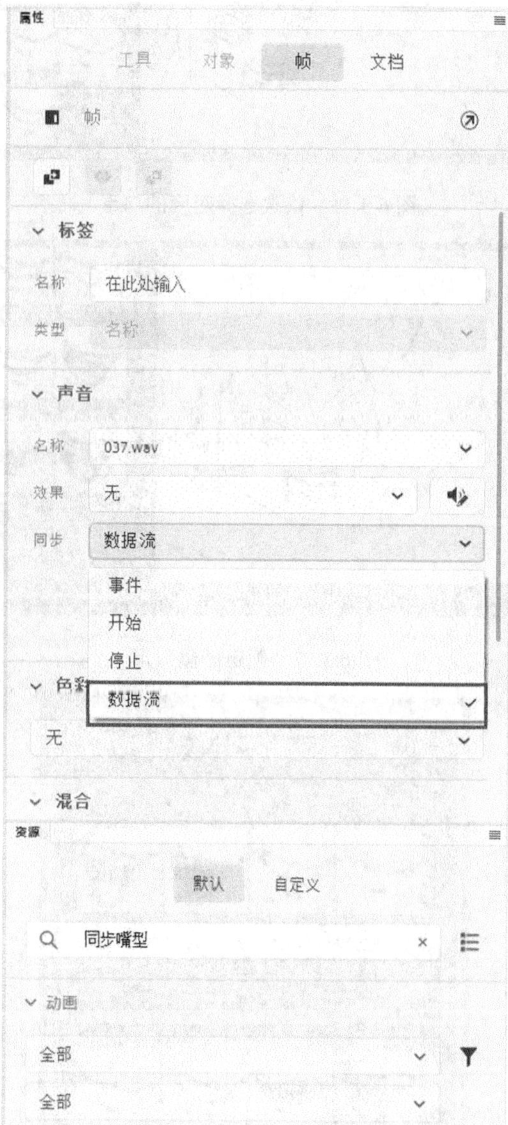

图 6.3.10　选择“数据流”选项

6）如图 6.3.11 所示，在图形上单击，弹出“嘴形同步”对话框，选择对应的口形即可。

7）选择好对应的口形后，单击“完成”按钮，如图 6.3.12 所示。弹出“正在创建嘴形同步”进度条，如图 6.3.13 所示。

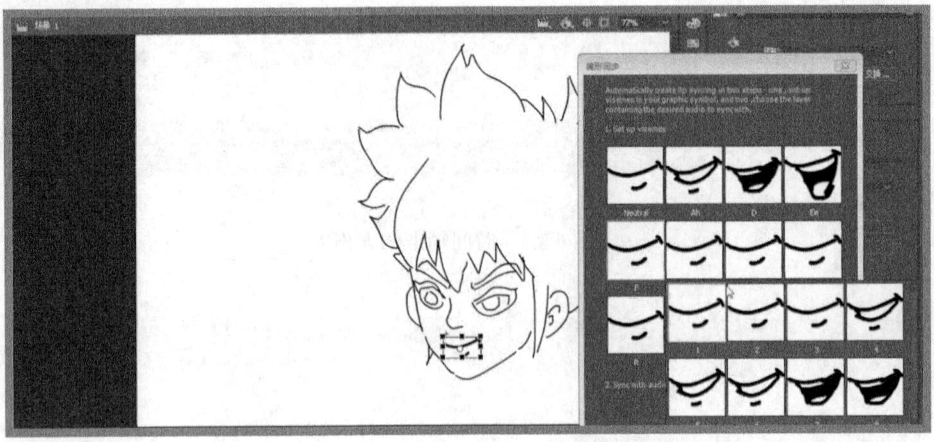

图 6.3.11　依次选择对应的口形

图 6.3.12　确定创建口形

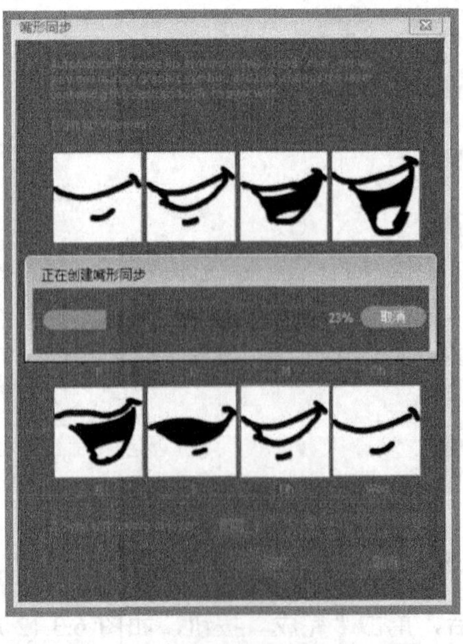

图 6.3.13　“正在创建嘴形同步”进度条

技能提示

- 口形动作变化应以角色嘴巴造型为基础，在基本形象上进行变化，这样才不会失去原来形象的特点。
- 自动口形同步将应用于存在所选图形元件的帧间距上。此外，还可以首先选择多个关键帧，然后再将口形同步应用于选定帧范围。

任务小结

通过本任务的学习，归纳总结如下。

① 掌握角色对话时的口形动态，口形应与肢体动作相结合。

② 人物口形受情绪影响，合理运用对话及肢体语言，有助于更好地塑造人物形象，传递人物情感。

③ 在制作口形动画时，遇到夸张的表情可以运用 Animate CC 的自动口形同步功能，以提高工作效率。

课后练习

结合本任务所学的知识为以下剧本片段的两句对白，运用 Animate CC 自动口形同步功能完成动画制作。要求如下。

① 配合特定的情绪和肢体动作，让角色口齿清晰地说话，音频可以自己模拟配音。

② 运用 Animate CC 自动口形同步功能。

《神奇小侠》剧本片段

穆童的身体像一团旋风越转越快，穆童抱着头："晕了，晕了，彻底晕了!!!"

旋转终于停止了，穆童的身子突然朝下落，速度很快，脚在上，头在下，穆童惊恐地挥舞着双手，想去抓住点什么："啊！救命啊!!!"

任务 6.4　动物动作设计与制作

任务介绍

在本任务中要学习的是动物动作设计与制作，通过制作白虎卡卡的走和一匹马奔跑的动画来了解和掌握动物的动作设计思路与方法，并使用 Animate CC 进行制作。

相关知识

1. 动物和人动作的区别

动物的基本动作有走、跑、跳、跃、飞、游等，与人最相像的是走路动作。相似之处都是双脚或四肢交替运动；不同之处是动物大多用脚趾走路，人是用脚掌着地，各部位的关节运动有差异。可以先了解一下人和动物的骨骼特点。人和动物（趾行动物如熊、狗、猴等；蹄行动物如马、牛、鹿、羊等；鸟类等）的四肢关节（上肢：肘、腕、指；下肢：膝、踝、趾）结构基本相同，如图 6.4.1 所示。

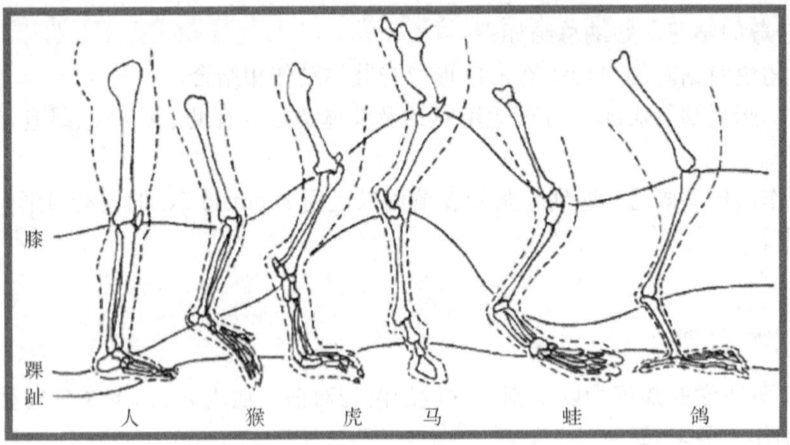

图 6.4.1　人和动物下肢对比

2. 动物运动规律

动物的种类很多，本任务主要着重学习兽类动物的运动规律和设计方法。兽类动物可分为蹄类和爪类，这两类动物运动均属于同类型的运动形态，但是它们的形态特征具有一定的差别，表现出来的运动感觉也有所不同。

动物运动规律

（1）蹄类动物

蹄类动物一般属食草类动物，脚上长有坚硬的脚壳（蹄）。蹄类动物一般都是前肢比后肢略微柔软，前肢运动比较舒展灵活。走动时，一直保持 2 条腿着地；不动时，就动作姿态比较而言，略显僵直；运动起来比较有稳重感。

原画 1：开始起步，右前足先向前开步，如图 6.4.2 所示。

原画 2：右前足落地，对角线的左后足跟着向前走，如图 6.4.3 所示。

原画 3：右前足和左后足落地，如图 6.4.4 所示。

原画 4：左前足向前迈步，右后足向前迈步，如图 6.4.5 所示。

原画 5：左前足落地，右后足落地，如图 6.4.6 所示。

原画 6：等同于原画 2，这样就完成了一个循环，如图 6.4.7 所示。

图 6.4.2　原画 1

图 6.4.3　原画 2

图 6.4.4　原画 3

图 6.4.5　原画 4

图 6.4.6　原画 5

图 6.4.7　原画 6

在绘制四肢时要注意马的“对角线换步法”“后脚踢前脚”的规律，同时要注意头部、肩膀、臀部等位置的高低变化。在绘制尾巴时，要注意 S 形运动轨迹。

马小跑与走路的运动节奏类似，不同的是在跑的运动中有双脚离地的过程。同时要注意马的换脚动作。马的中速奔跑、快速奔跑与小跑动作是不同的，小跑动作仍然有换脚动作，而中速奔跑、快速奔跑没有换脚动作，但运动的起伏弧度是相似的。马跑步分解图如图 6.4.8 所示。

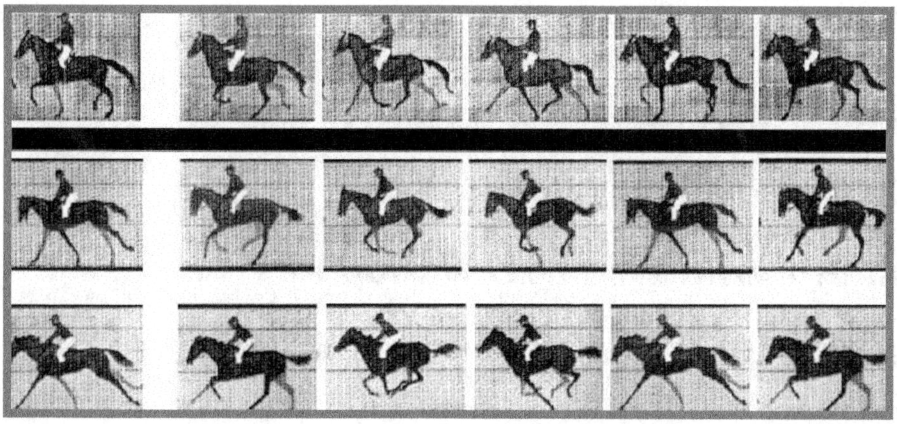

图 6.4.8　马跑步分解图

（2）爪类动物

爪类动物一般属食肉类动物。脚上有尖利的爪子，脚底有带弹性的肌肉。这类动物运动规律基本相同。四肢运动步幅频率比较快，前肢和后肢常有交替运动状态。以狗跑为例，通过原画来讲解爪类动物的运动规律和设计方法。狗的腿部关节运动变化比较灵活，腰身细，活动伸缩性强。

原画 1：开始起步，左前足向前迈，如图 6.4.9 所示。

原画 2：左前足落地，如图 6.4.10 所示。

原画 3：右后足向前，右前足蹬地向后，如图 6.4.11 所示。

原画 4：右后足向前落地，左后足蹬地向后，右前足向前迈，如图 6.4.12 所示。

原画 5：右前足向前，左后足抬起，如图 6.4.13 所示。

原画 6：右前足落地，左前足抬起，如图 6.4.14 所示。

图 6.4.9　原画 1

图 6.4.10　原画 2

图 6.4.11　原画 3

图 6.4.12　原画 4

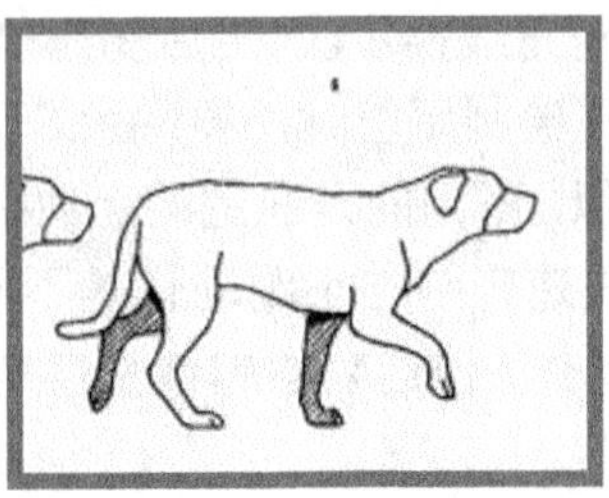

图 6.4.13　原画 5

图 6.4.14　原画 6

任务分析

实训目的：掌握蹄类动物和爪类动物的运动规律。

操作要求：要求动作设计与制作要流畅、自然，符合运动规律。

技能点拨：移动对位、运动速度的变化和运动幅度变化。

任务实施

1. 白虎卡卡走的动作设计

1）做一个 16 帧的白虎走，节奏是 1 拍 2，也就是 8 个关键帧，所以先在 Animate CC

的时间轴上新建两层图层，图层 1 置入白虎素材，图层 2 置入投影，并把时间轴上的帧数增加到 16 帧，选择图层 1，如图 6.4.15 所示。

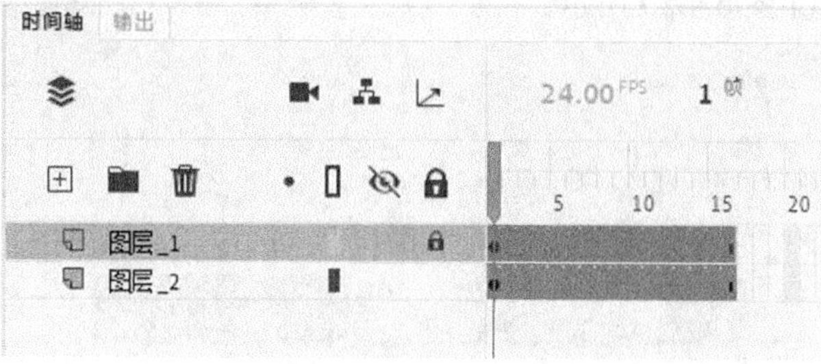

图 6.4.15　在时间轴上新建图层

2）第 1 帧关键帧动作如图 6.4.16 所示，新建第 16 帧关键帧作为动作的最后一帧，如图 6.4.17 所示，打开绘图纸外观工具，移动白虎到合适的位置，注意外侧后脚要和外侧前脚位置对应，如图 6.4.18 所示。

图 6.4.16　第 1 帧关键帧动作

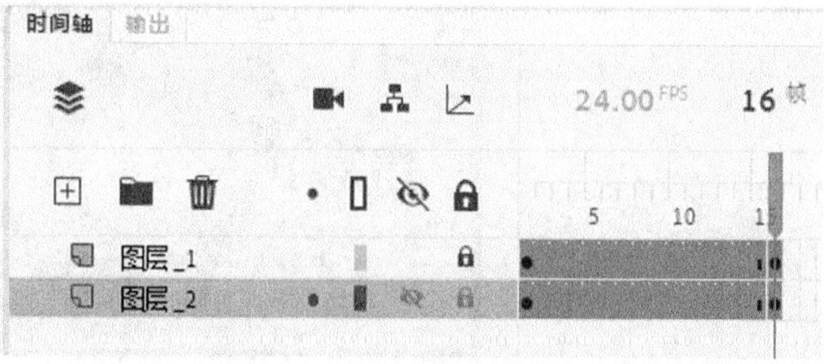

图 6.4.17　新建第 16 帧关键帧

图 6.4.18　第 16 帧白虎动作和第 1 帧对位

3）在确定了开始和结束的动作后，在第 8 帧新建关键帧，如图 6.4.19 所示。根据第 1 帧的动作进行对位，把白虎移动到合适的位置，并制作新动作，在这个动作中，外侧和内侧的腿部动作要互换，如图 6.4.20 所示。

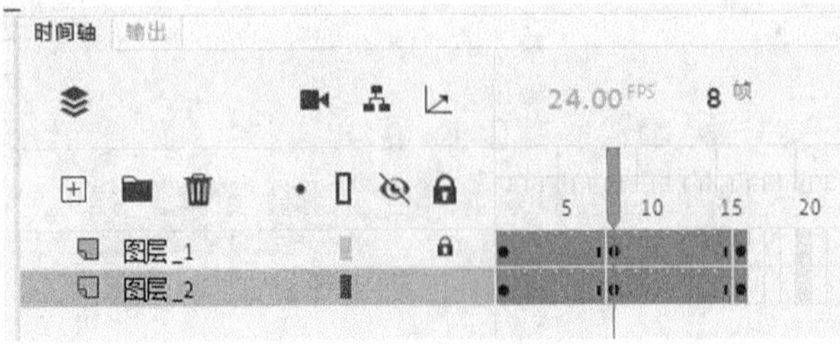

图 6.4.19　在第 8 帧新建关键帧

图 6.4.20　第 8 帧白虎动作和第 1 帧对位

4）在第 4 帧和第 14 帧新建关键帧，如图 6.4.21 和图 6.4.22 所示，这两帧的动作是这套动作起伏的两个最高点。根据第 1 帧和第 16 帧的动作进行对位，把白虎移动到合适的位置，并制作新动作。第 4 帧动作中，白虎外侧前腿笔直，内侧前腿抬到最高，内侧后腿伸直，外侧后腿抬到最高，如图 6.4.23 所示。第 14 帧动作和第 4 帧动作基本一致，腿部动作内外相反，如图 6.4.24 所示。

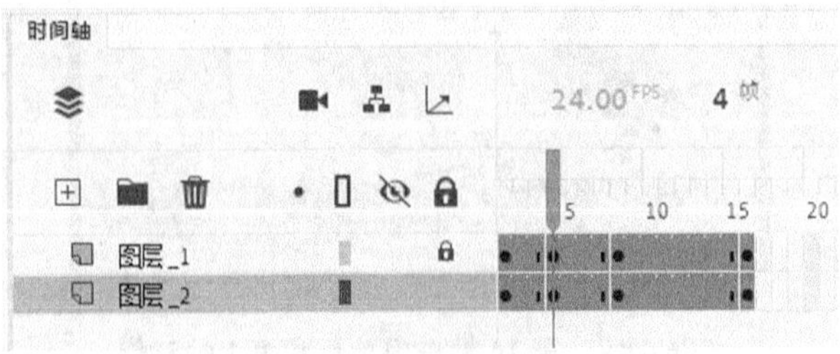

图 6.4.21　在第 4 帧新建关键帧

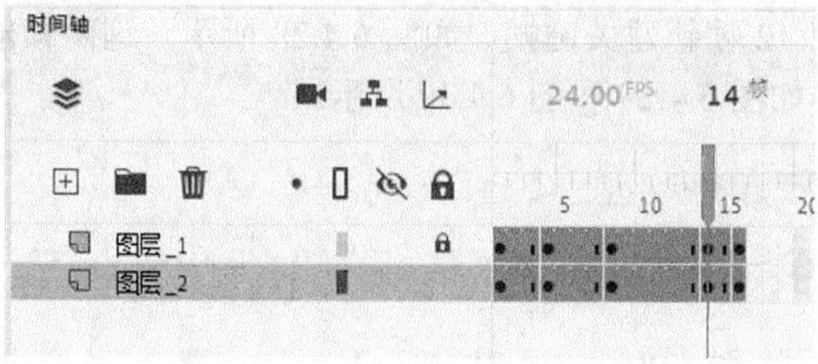

图 6.4.22　在第 14 帧新建帧关键帧

图 6.4.23　第 4 帧动作和第 1 帧对位

图 6.4.24　第 14 帧动作和第 16 帧对位

5）在第 2 帧和第 6 帧新建关键帧，如图 6.4.25 所示，这两帧的动作是对前后动作进行衔接，如图 6.4.26 和图 6.4.27 所示。

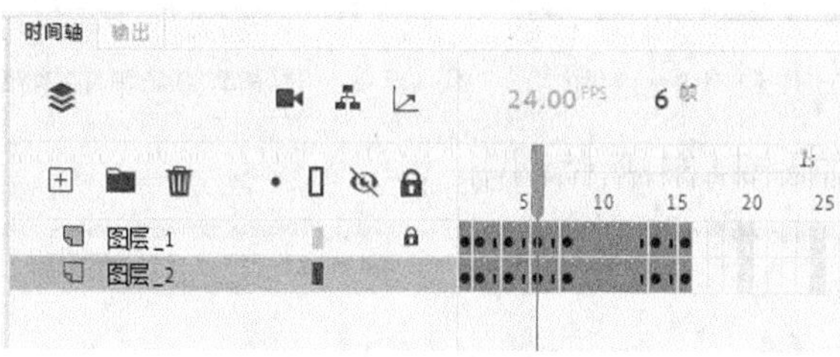

图 6.4.25　在第 6 帧新建关键帧

图 6.4.26　第 2 帧动作和第 1 帧对位

图 6.4.27　第 6 帧动作和第 4 帧对位

6）在第 10 帧和第 12 帧新建关键帧，如图 6.4.28 所示，这两帧的动作是从动作最低点逐渐走向动作最高点，如图 6.4.29 和图 6.4.30 所示。

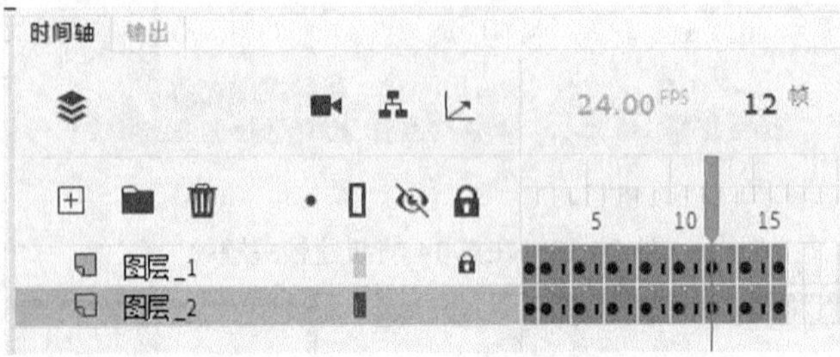

图 6.4.28　在第 12 帧新建关键帧

图 6.4.29　第 10 帧动作和第 8 帧对位

图 6.4.30　第 12 帧动作和第 10 帧对位

7）最终动作分解如图 6.4.31 所示。

图 6.4.31　最终动作分解

2. 马跑的动作设计

1）这里使用马站立姿态的素材，如图 6.4.32 所示，制作马跑的动画。

图 6.4.32　马站立姿态的素材

完成一个 12 帧的马跑动画，也就是 6 帧关键帧，先把时间轴上的帧数增加到 12 帧，如图 6.4.33 所示。

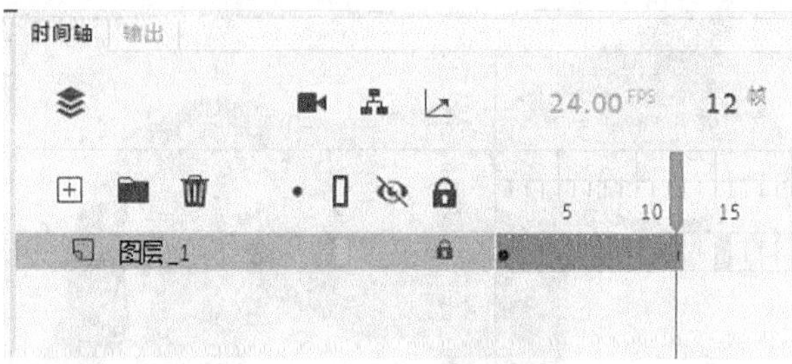

图 6.4.33　将时间轴上的帧数增加到 12 帧

然后用直线工具画一条地面线，如图 6.4.34 所示，这是为了在跑的过程中有一个地面线做参考，防止出现马蹄忽高忽低的情况。

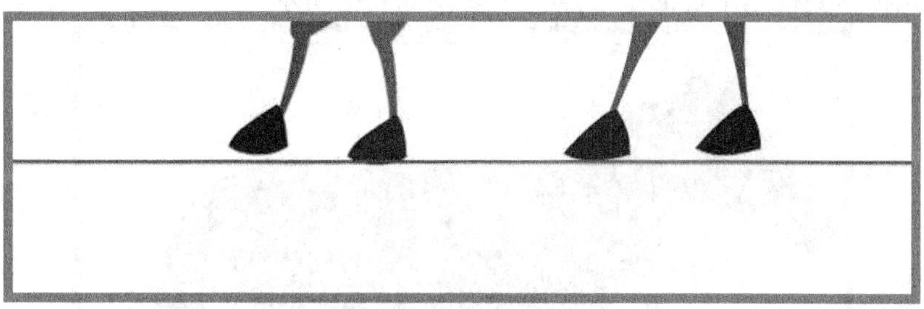

图 6.4.34　画一条地面线

2）把正常姿态调整为马跑的最高点姿态，最高点的动态为马身的整个前面部分抬起。调整时，先将马的整个身体和尾巴转换成一个元件，防止后面旋转时出现漏洞。因为马身是由很多组组成的，在 Animate CC 里做物体旋转时，过多的组同时旋转时位置会产生偏差，所以为了解决这个问题，就要把旋转的物体转换为元件，如图 6.4.35 所示。

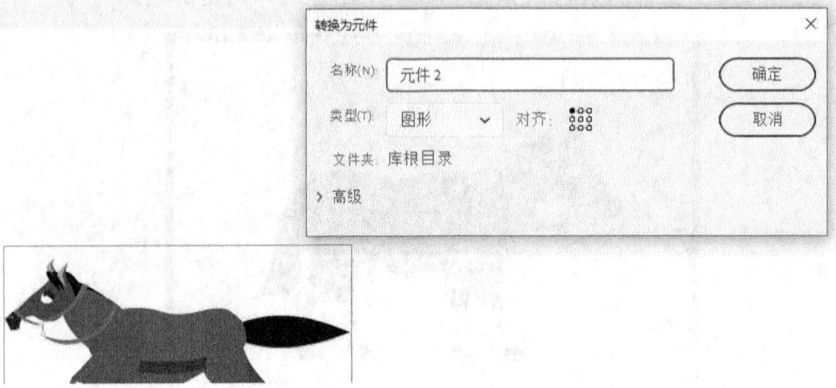

图 6.4.35　“转换为元件”对话框

图形元件生成后，选中这个元件并按键盘上的 Q 键（这是自由变形的快捷键），之后就会出现黑色的框，如图 6.4.36 所示。

图 6.4.36　出现黑框

然后将光标移到框里出现的中心点上，如图 6.4.37 所示。

图 6.4.37　将光标移到中心点

如图 6.4.38 所示移动中心点到马的后大腿上，这样就可以以大腿为中心旋转了。因为马的最高帧只是马的前面部分抬起，后腿没动，所以这里要以大腿为中心旋转。

图 6.4.38　移动中心点

松开鼠标左键，把光标移到黑色框的左上角，这时光标会变成图 6.4.39 所示的形状。

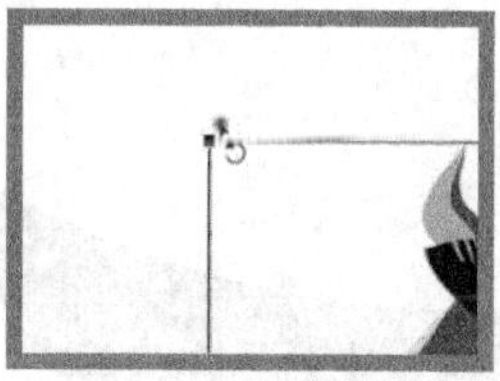

图 6.4.39　光标功能转换

光标变换后，按住鼠标左键拖动物体进行旋转，如图 6.4.40 所示。

图 6.4.40　旋转物体

身体旋转完成后把前面两条腿跟着移上去。腿的位置和正常姿态下的位置一样，应旋转抬起的幅度，使其互相交叉，小腿和马蹄向里弯曲，右前脚抬到相对于身体而言的最高点，如图 6.4.41 所示。

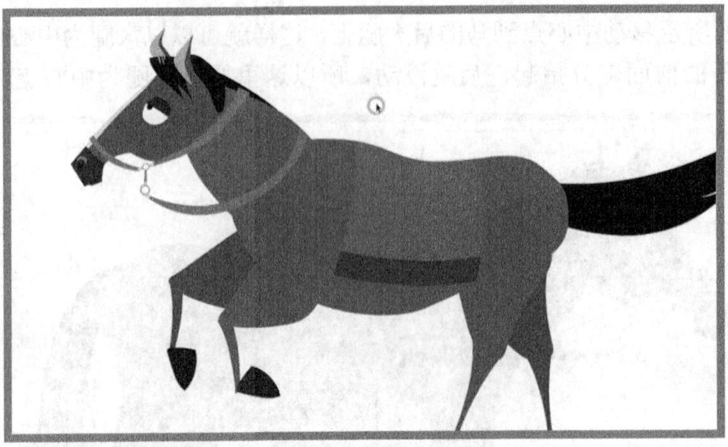

图 6.4.41　最高点动态

绘制尾巴。马在奔跑的过程中尾巴基本都是平行于地面飘动的，绘制时只要在保持与地面水平的情况下画出不同的上下起伏即可，如图 6.4.42 所示。

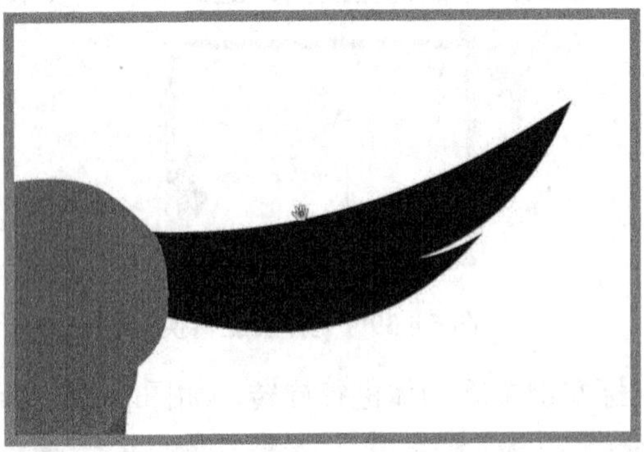

图 6.4.42　尾巴动态

画出一条最高点的直线作为参考，如图 6.4.43 所示。

图 6.4.43　画出最高线

3）最高点姿态画好后，在第 7 帧插入关键帧，如图 6.4.44 所示。因为在 12 帧的马跑动画中，第 7 帧是最低帧。

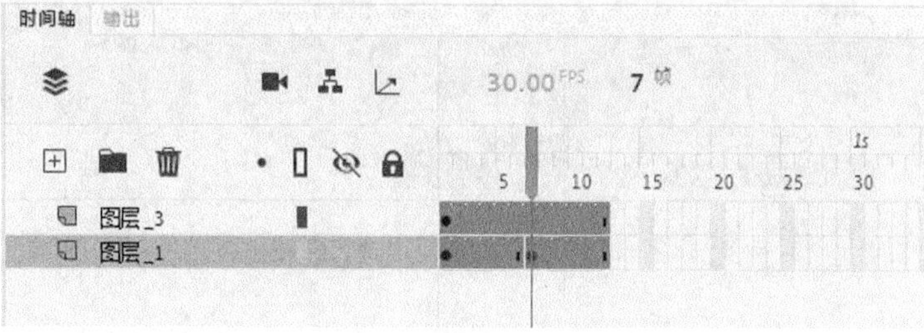

图 6.4.44　在第 7 帧插入关键帧

最低位置的动态为马的前面两个蹄接触地面，后面两个蹄腾空，然后两两交叉，调整方法同前，如图 6.4.45 所示。

图 6.4.45　最低点动态

要注意，这里到最低点时，马为了保持视野朝前，会抬头看向前方，所以要调整马头和脖子的动态，如图 6.4.46 所示。

图 6.4.46　调整头部动态

4）在第 3 帧插入关键帧，如图 6.4.47 所示。

因为最高位置到最低位置的关键帧中间有两个中间画，所以这一帧就是画最高点到最低点的 1/4 中间画，也就是说，这一帧调整的身体幅度在最高点和最低点的 1/4 处。如图 6.4.48 所示，单击“绘图纸外观”按钮。

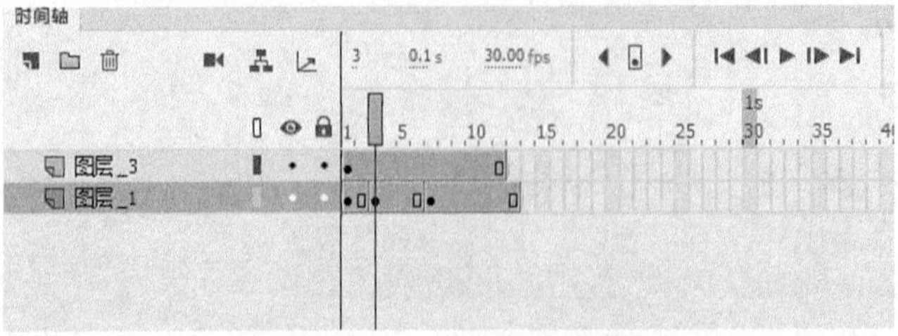

图 6.4.47　在第 3 帧插入关键帧

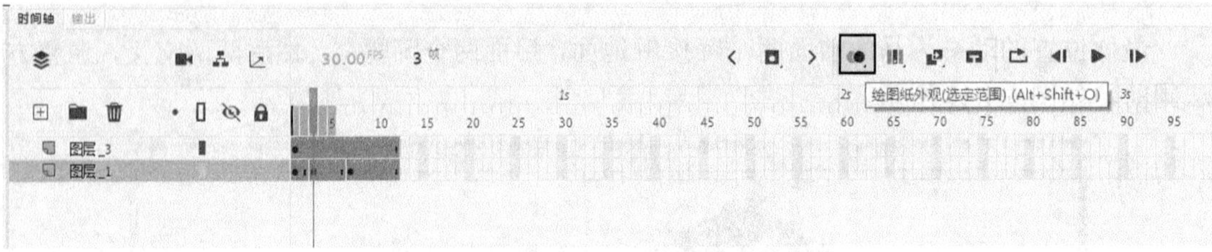

图 6.4.48　“绘图纸外观”按钮

使用洋葱皮工具把时间轴上的范围标识分别移到第 1 帧和第 7 帧上，如图 6.4.49 所示。

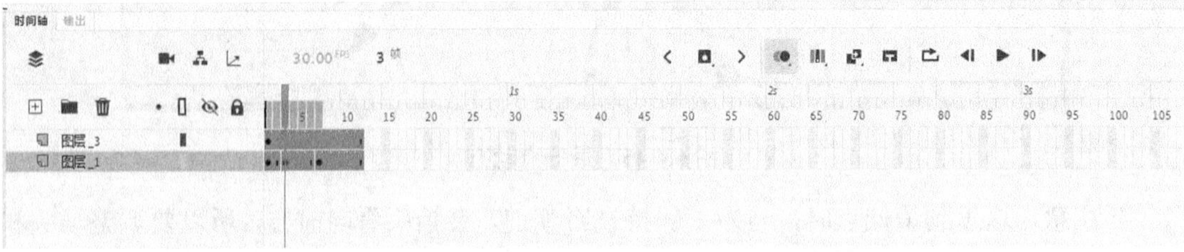

图 6.4.49　移动范围标识

调整第 3 帧中身体的动态，如图 6.4.50 所示。

图 6.4.50　调整第 3 帧中身体的动态

调整马的四肢和头的位置。右前脚踏在地上，左前脚相对于身体而言抬到最高点，如图 6.4.51 所示。

图 6.4.51　调整前脚的动态

右后脚即将离地，左后脚踏在地面上，如图 6.4.52 所示。

图 6.4.52　调整后脚的动态

头和脖子根据 1/4 位置的原则调整后，第 3 帧的动态就完成了，如图 6.4.53 所示。

图 6.4.53　第 3 帧的完整动态

5）在第 5 帧插入关键帧，如图 6.4.54 所示。

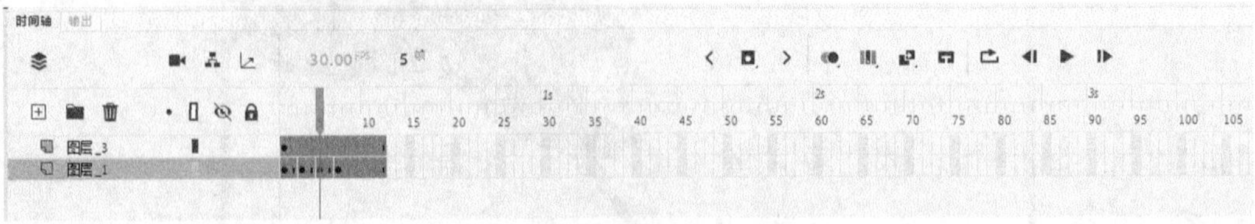

图 6.4.54　在第 5 帧插入关键帧

这一帧是绘制第 3 帧和第 7 帧的中间原画，马的右后腿腾空，左后脚和右前脚往后，左前脚张开往前踏，如图 6.4.55 所示。

图 6.4.55　第 5 帧的完整动态

因为第 9 帧和第 11 帧是第 7 帧和第 1 帧的中间画，所以，先把第 1 帧复制到第 13 帧，方便打开“绘图纸外观”时调整动作。复制的方法是，选中第 1 帧，如图 6.4.56 所示，按住键盘上的 Alt 键和鼠标左键拖动这个帧到第 13 帧处，如图 6.4.57 所示。

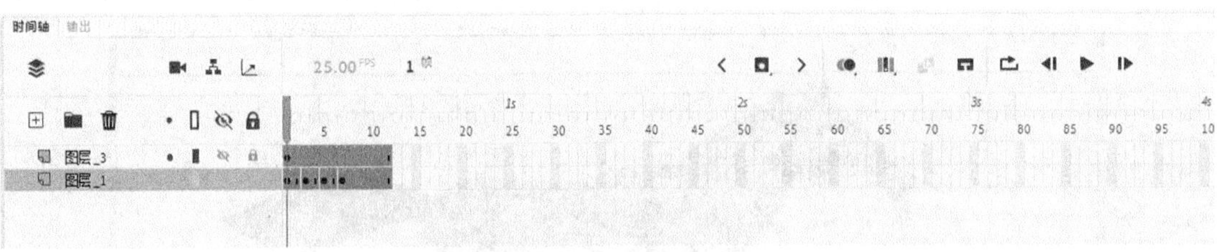

图 6.4.56　选中第 1 帧

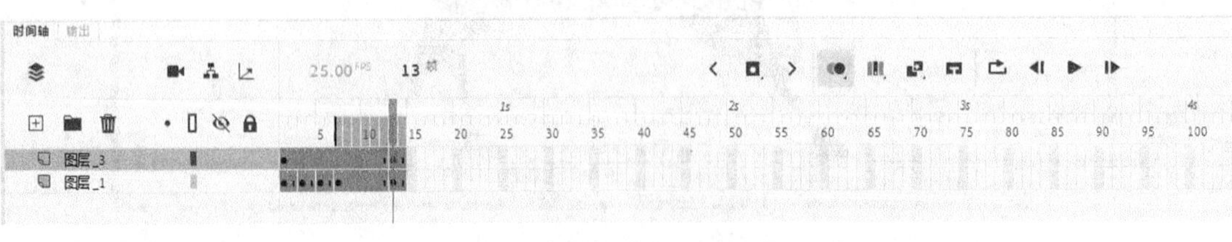

图 6.4.57　将第 1 帧复制到第 13 帧处

6）在第 9 帧插入关键帧，如图 6.4.58 所示。

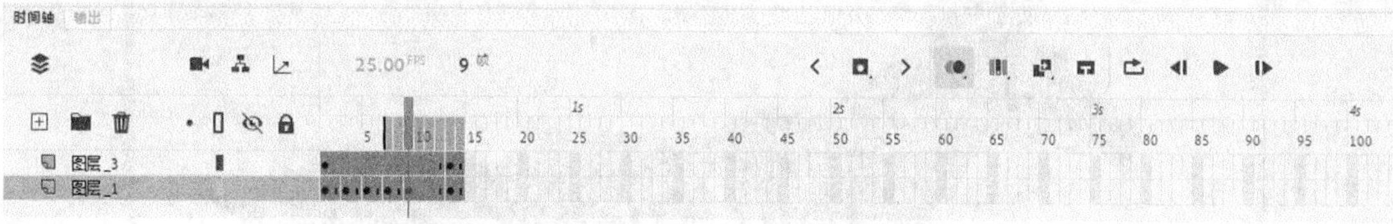

图 6.4.58　在第 9 帧插入关键帧

画第 9 帧的原画，根据马脚的运动轨迹，这一帧中马三足离地，左前脚往后蹬，右前脚抬起向后弯曲，要符合运动事实，如图 6.4.59 所示。

图 6.4.59　第 9 帧完整动态

7）在第 11 帧插入关键帧，如图 6.4.60 所示。

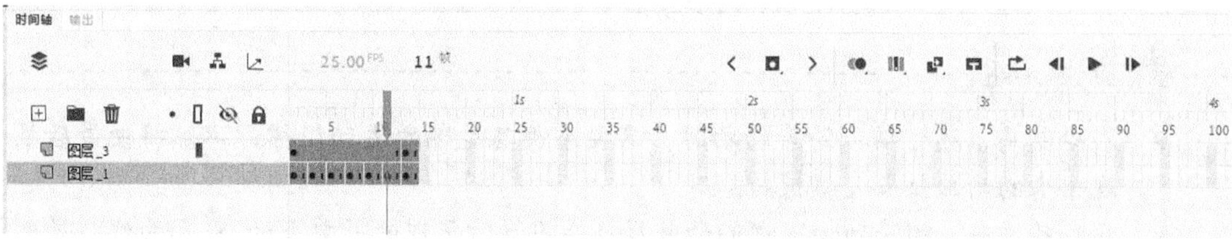

图 6.4.60　在第 11 帧插入关键帧

这一帧是第 9 帧和第 13 帧的中间原画，这一帧中马的后腿不能直接画在中间位置，右后腿接触地面，左后腿往前，而且蹄子在第 13 帧的蹄子前面，如图 6.4.61 所示。这样才能和后面的动画连起来时有踏下去的感觉。

图 6.4.61　第 11 帧完整动态

8）删掉第 13 帧，这样马跑的动画就完成了。马跑的完整过程图如图 6.4.62 所示。

图 6.4.62　马跑的完整过程图

技能提示

- 在绘制马、狗、猫、豹等动物时，需要重视其尾部的运动规律，不然将使最后呈现出来的动画效果大打折扣。
- 马、狗、猫、豹等动物，它们的长尾巴在甩动时呈现的是典型的 S 形曲线。尾巴甩过去是一个 S 形，再甩过来是一个相反的 S 形，当尾巴来回摆动时，正反两个 S 形连接成了一个 8 字形运动轨迹。只有遵循这个规律，才能绘制出正确的尾巴甩动动画。

知识拓展

- 利用四肢的指（趾）的末端关节着地的行走方式叫作趾行。相当于人类踮着脚走路。趾行的动物有食肉目动物（如猫、虎、豹、狮子、狼、狐狸）、大象和所有的鸟类。
- 哺乳动物的前肢和后肢的指（趾）骨延长，仅用指（趾）端的蹄着地行走的方式叫作蹄行。

任务小结

通过本任务的学习，归纳总结如下。

① 通过学习动物腿部结构，掌握动物腿部的基本运动模式。

② 通过使用 Animate CC 制作爪类、蹄类动物的走、跑动画，掌握爪类、蹄类动物基本运动规律。

课后练习

选择一种爪类动物，设计出其跑时的姿态，尝试将动作连贯起来制作动态插图。要求如下。

① 动作流畅、自然。

② 符合运动规律。

任务 6.5　动态插图设计与制作

任务介绍

本任务通过制作一张小猪扫地的动态插图，了解动态插图的类别、应用范围以及制作方法。在通过本任务的学习后，可以独立完成动态插图的设计与制作。

相关知识

1. 动态插图的概念

随着信息时代的到来，插图已从过去狭义的书籍插画的概念（只限于画和图）变为广义的设计插图的概念，即文字的作图部分，包括绘画插画、摄影图片、图表及抽象的图形符号，均被统称为插图。

现如今新媒体时期，计算机数字技术的应用让插图实现动态化，使插图能更好地烘托氛围。动态插图拓展了静态插图的表现范畴，相比较之下，动态插图可以更好地展现插图的时间属性，有一个主体的动作过程，表现手法上更生动、形象。

2. 动态插图的设计要点

动态插图是类似平面设计与二维动画之间的一种产物，动态插图在视觉表现上使用的是基于平面设计的规则，在技术上使用的是动画制作手段。

（1）动态插图的设计特点

1）阅读视频化、有趣生动。

2）形式轻量化。

3）能快速传播，成本低。

4）服务于信息传播领域、产品标志、片头等。

（2）动态插图设计的 3 条主线

1）图形设计。

① 视觉要素：形状、颜色、质感、大小、空间。

② 构成原理：和谐、对比、比例、韵律、反复。

2）动态设计。

① 动态要素：位移、缩放、旋转、变形、变色。

② 动态构成形式：方向、方位、聚散、组合。

3）时间设计。

① 时间属性：发生、发展、结束。

② 时间构成形式：持续、加速、减速、律动、旋转、频率。

③ 时间的信息表：剪辑、蒙太奇。

3. Animate CC 中动态插图的制作方法与技巧

1）简单的、细节的调整可以采取逐帧动画。

2）在做动画插图时，要将主体物转换成元件（命好名则易区分）。

3）注意提前调整好主体物的中心点。

4）每个关键帧调好变化后添加创建传统补间。

任务分析

实训目的：掌握动态插图的设计要点及制作技巧，学会动态插图的制作。

操作要求：要注意分析动态插图设计的主题，把握好整个画面的运动韵律和节奏。

技能点拨：在做动态插图时，如果发现动态帧的时间过快，可以按 F5 键将选中的范围时间加长（加长帧）。

任务实施

这里以小猪扫地为例，为大家展示如何制作小猪扫地的动态插图（步骤仅供参考）。

小猪扫地的动态插图设计与制作

第一部分制作小猪原地扫地的效果；第二部分制作小猪一会儿在左边扫，一会儿在右边扫的效果。

1）在 Animate 中新建 1920px×1080px 的舞台文件，导入小猪素材到舞台，并分解分层放置后，在第 1 帧插入关键帧，为小猪扫地的起始动作。此时，小猪手拿着扫把抬起来，如图 6.5.1 和图 6.5.2 所示。

图 6.5.1　小猪原地扫地

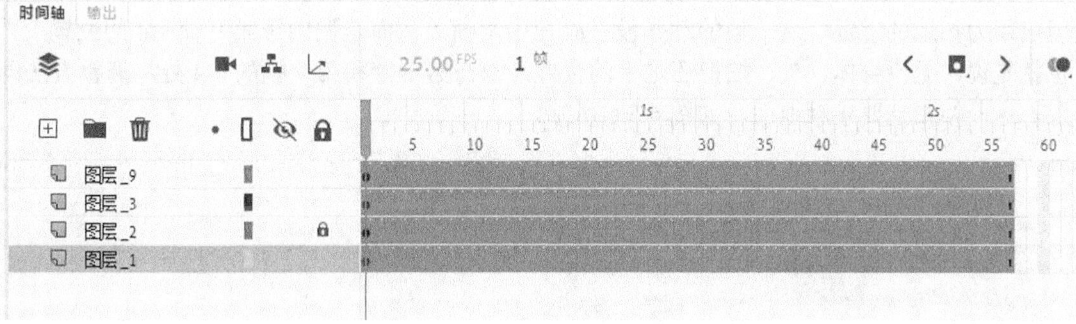

图 6.5.2　在第 1 帧插入关键帧

2）如图 6.5.3 所示，在第 9 帧插入关键帧，这一帧制作的是扫完后的悬空动作。

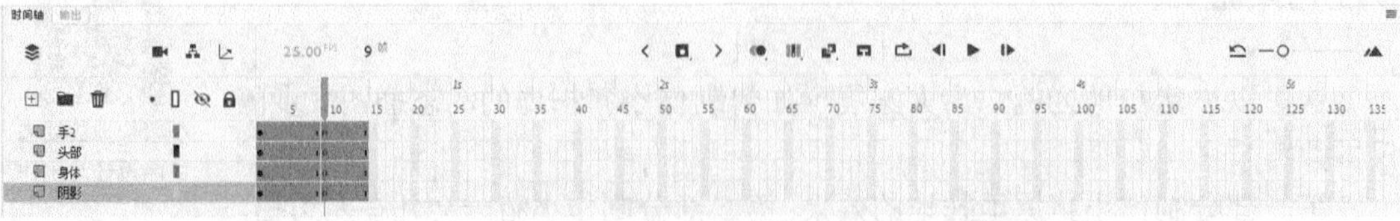

图 6.5.3　在第 9 帧插入关键帧

将扫把甩到右边，把整个身体用自由变形工具往左边平行倾斜一点，然后再下压一点，幅度要适中，既不要过小也不要过大。同时头也用自由变形工具往左边旋转。注意，扫地时身体和扫把的运动方向相反才能保证身体平衡，不至于摔倒。重新画持扫把的两只手，要注意手和身体连接的这两个关节点是不能偏离的，如图 6.5.4 所示。

图 6.5.4　用自由变形工具调整身体

3）在第 5 帧插入关键帧，如图 6.5.5 所示。这一帧是第 1 帧和第 9 帧的中间帧，为了表现出用力扫地的感觉，这一帧的动作没有画在中间帧上，而是偏向于第 9 帧 1/4 的位置上，也就是说，无论身体、头、扫把还是手的位置，都在第 1 帧和第 9 帧的 1/4 处，调整方法同上。这一帧扫把要接触地面，如图 6.5.6 所示。

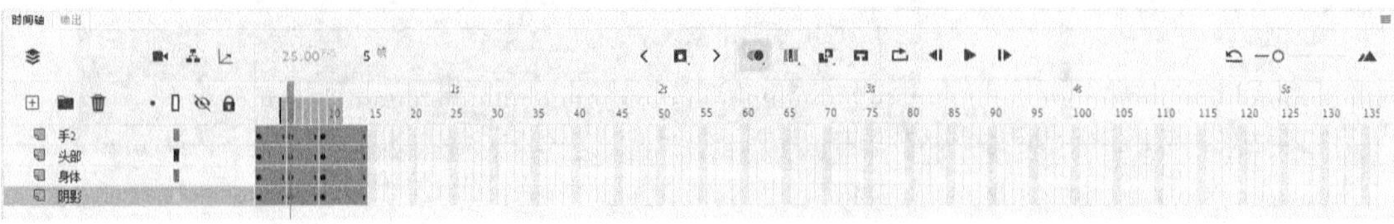

图 6.5.5　在第 5 帧插入关键帧

图 6.5.6　扫把要接触地面

4）如图 6.5.7 所示，在第 3 帧插入关键帧。将这一帧的位置调整到第 1 帧和第 5 帧之间，偏向第 1 帧大概 1/3 的位置上。这样做是为了做出加速的运动节奏，任何物体的运动都有一个从加速到减速的过程，如图 6.5.8 所示。调整方法同上。

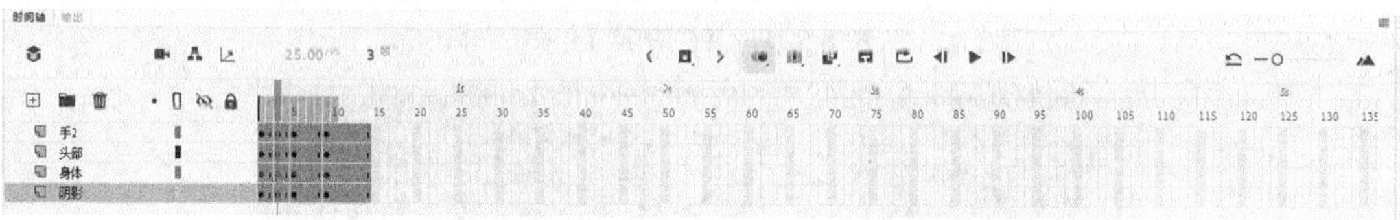

图 6.5.7　在第 3 帧插入关键帧

图 6.5.8　从加速到减速

5）如图 6.5.9 所示，在第 7 帧插入关键帧，画出第 5 帧和第 9 帧的中间画，如图 6.5.10 所示。这一帧画的位置在偏向第 9 帧画 1/3 位置上，这样就有一个减速的运动节奏了。

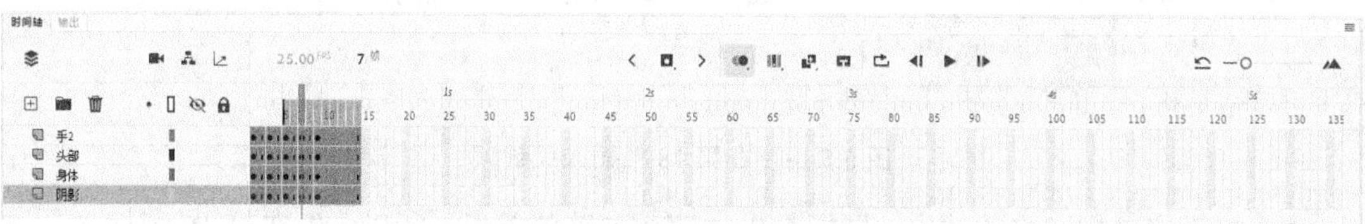

图 6.5.9　在第 7 帧插入关键帧

图 6.5.10　画中间画

6）让小猪悬停的时间到第 14 帧，如图 6.5.11 所示，悬停画面如图 6.5.12 所示。

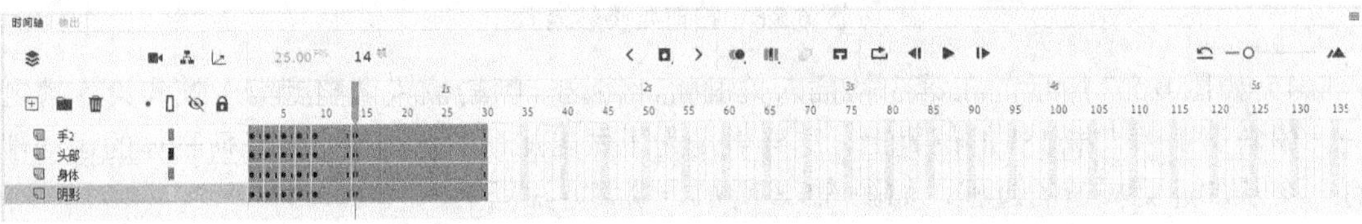

图 6.5.11　悬停在第 14 帧

图 6.5.12　悬停画面

7）做将扫把摆回原位的动画，摆回来时应该比扫地时缓慢些，所以要多加一帧的中间画，在第 18 帧插入关键帧，如图 6.5.13 所示。

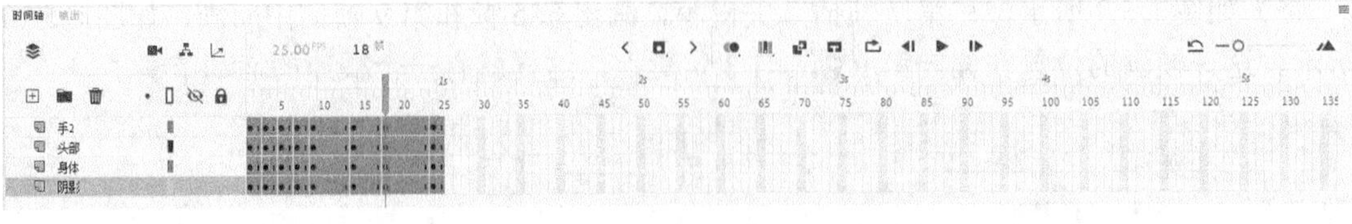

图 6.5.13　在第 18 帧插入关键帧

8）接下来是摆回来的动作，同样是先加速后减速的节奏。所以，先在第 16 帧插入关键帧，如图 6.5.14 所示，这一帧是第 9 帧和第 18 帧的中间帧，动态就是这两帧的中间动态，也就是 1/2 处，如图 6.5.15 所示。调整方法同上。

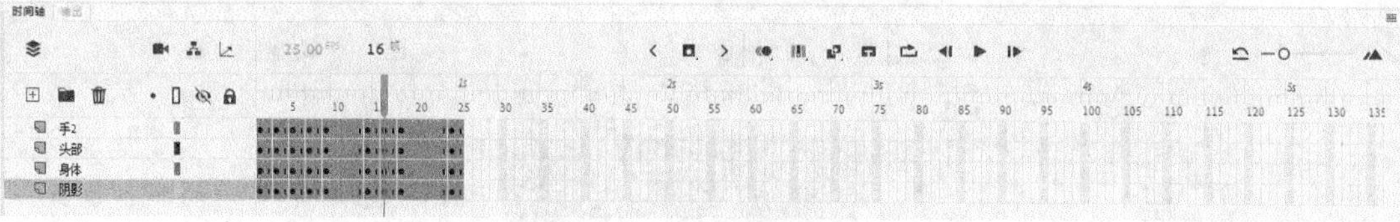

图 6.5.14　在第 16 帧插入关键帧

图 6.5.15　第 16 帧动态

9）在第 14 帧插入关键帧，这一帧是第 9 帧和第 16 帧的中间帧，所以画这两帧的中间画即可。第 14 帧中扫把的形状相较于第 9 帧的形状，偏的幅度收回来一点，如图 6.5.16 和图 6.5.17 所示。

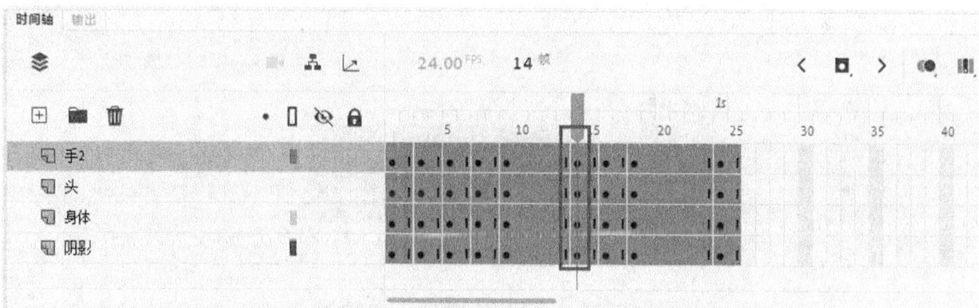

图 6.5.16　在第 14 帧插入关键帧

图 6.5.17　第 14 帧动态

10）在第 20 帧插入关键帧，这一帧为第 18 帧和第 24 帧的中间画，如图 6.5.18 和图 6.5.19 所示。

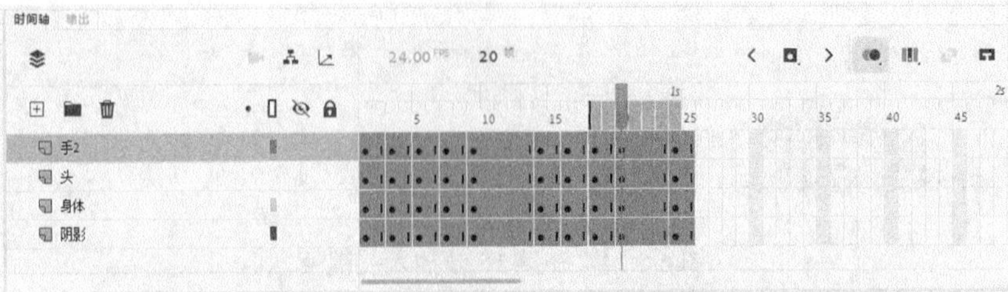

图 6.5.18　在第 20 帧插入关键帧

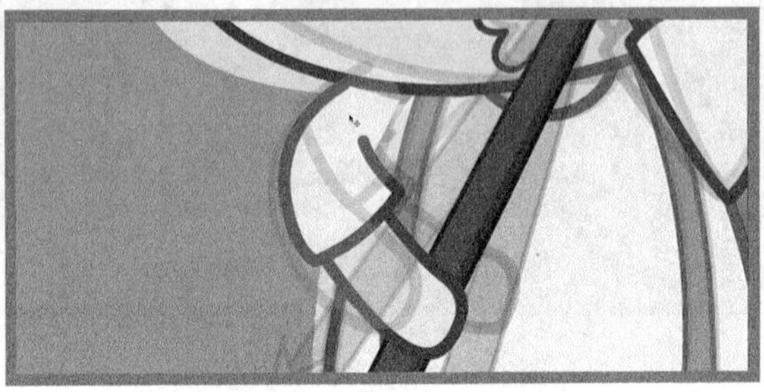

图 6.5.19　第 20 帧动态

11）在第 22 帧插入关键帧，这一帧是第 20 帧和第 24 帧的中间画。完成后再把和第 1 帧重复的第 24 帧删掉，如图 6.5.20～图 6.5.22 所示。

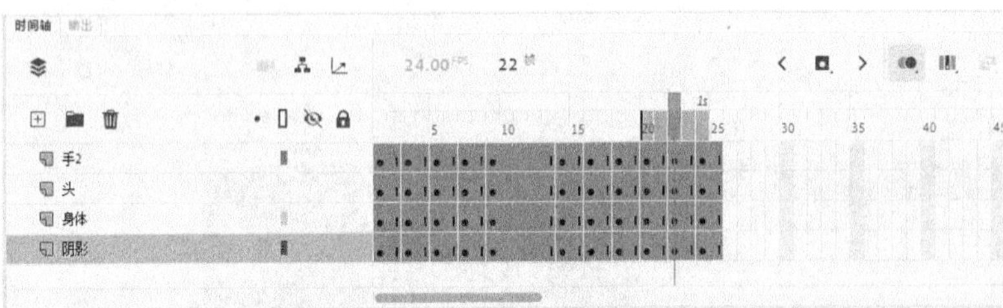

图 6.5.20　在第 22 帧插入关键帧

图 6.5.21　第 22 帧动态

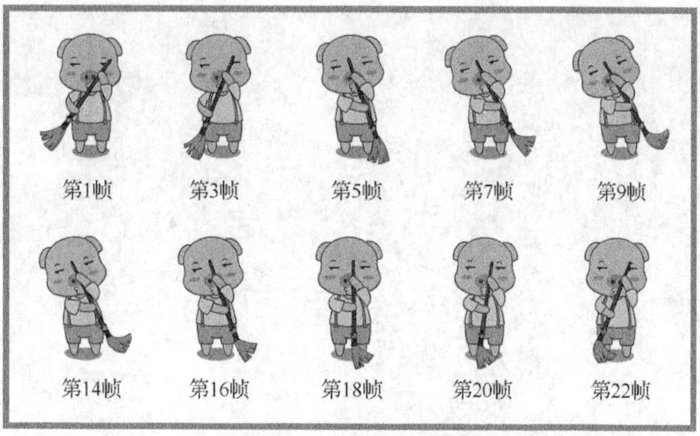

图 6.5.22　小猪扫地动作分解

12）扫地动作完成后，再添加一个烟雾效果，让它更加完整，如图 6.5.23 所示。

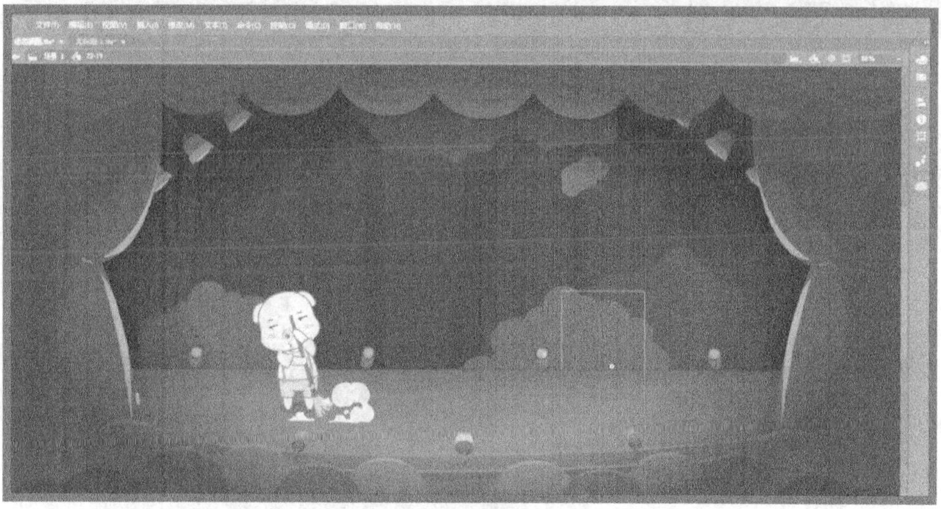

图 6.5.23　添加烟雾效果

13）扫地的元件完成后，退回到分好层的界面，做小猪一会儿在左边扫地，一会儿在右边扫地的动画。为了让它能循环，最后一帧的动作能和第 1 帧的动作对上，所以在第 87 帧和第 92 帧插入关键帧，再给它们建立传统补间，如图 6.5.24 所示。在第 92 帧把老图层上的元件透明度改为 100，然后在第 92 帧把新图层上的元件透明度改为 0，完成循环动态图，如图 6.5.25 所示。

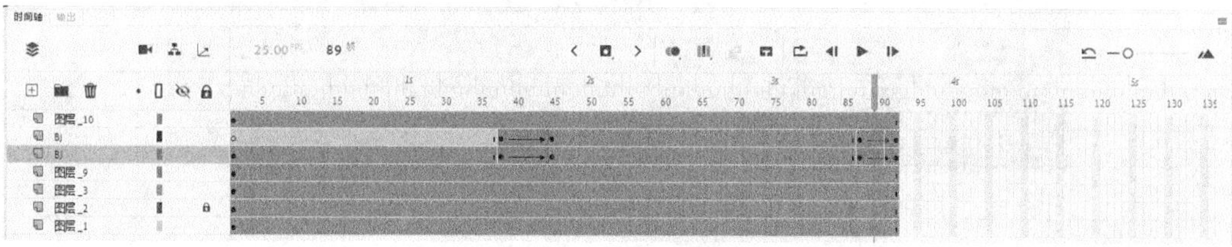

图 6.5.24　建立传统补间

图 6.5.25　循环动态图

14）完成动画后，选择“文件”→“导出”→“导出动画 GIF”命令，如图 6.5.26 所示，打开导出图像界面，在右边的预设栏内将导出格式选择为“GIF”，右下方动画栏内循环模式选择“总是”，然后单击“保存”按钮导出，如图 6.5.27 所示。

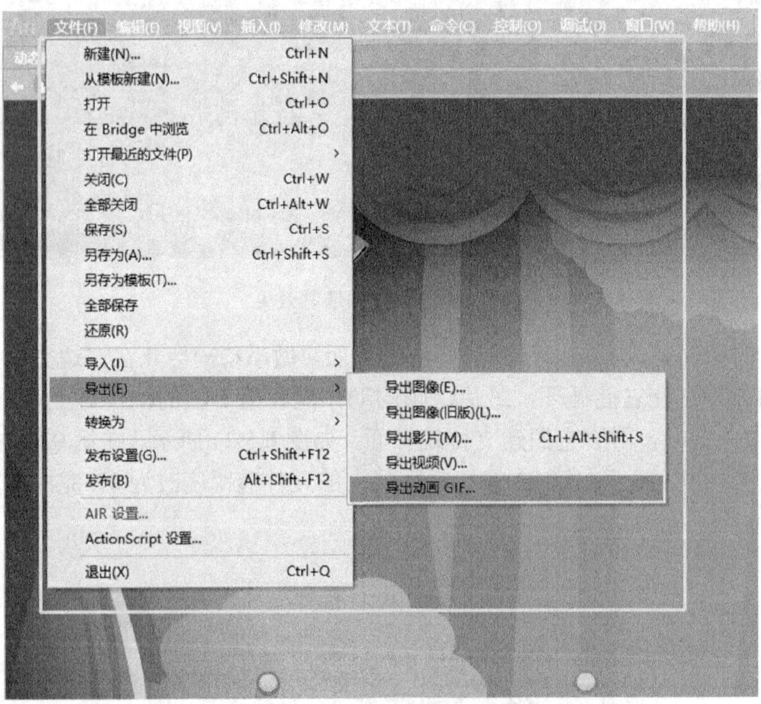

图 6.5.26　“导出动画 GIF”命令

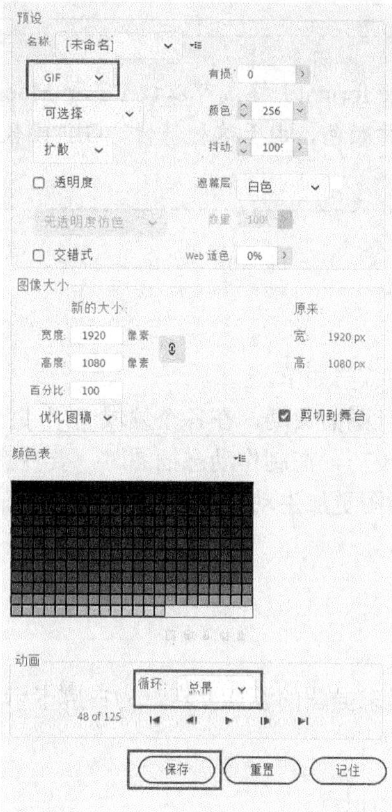

图 6.5.27　设置导出参数后导出

15）最终动态插图效果如图 6.5.28 所示。

图 6.5.28　动态插图效果

知识拓展

GIF（graphics interchange format）格式可以被 PC 和 Macintosh 等多种平台支持。GIF 是一种位图，最高支持 256 种颜色，由于这种特性，GIF 比较适用于色彩较少的图片，如卡通造型、公司标志等。

任务小结

通过本任务的学习，归纳总结如下。

① 动态插图视觉效果强且画面灵动，在各个领域运用广泛。

② 掌握制作动态插图的技巧，在制作动态插图时，要注意动态插图设计的 3 条主线，把握好本质特征才能使动态插图更加生动。

③ 动态插图导出的方法。

课后练习

根据所学知识，把握好动态插图的设计要点，为白虎卡卡设计向前奔跑的动态插图。要求如下。

① 灵活运用运动规律的知识点。

② 插图画面美观、动作节奏优美。

任务 6.6 动画运动镜头设计与制作

任务介绍

本任务学习动画片《神奇小侠》运动镜头的制作。动画是一种动态的画面语言。运动镜头是动画电影语言的核心要素之一，每一部合格的动画片都要包含动画运动镜头的制作。

相关知识

镜头的运动形式通常包括推、拉、摇、移、跟、甩等形式，每一种运动形式都会产生不同的视听效果，引起观众强烈的心理反应。

常用的镜头运动形式

（1）推、拉镜头

推、拉镜头都是通过变化焦距的方法使画面的景别发生由大到小或由小到大的连续变化，对观众有极强的引导效果。例如，图 6.6.1 所示美国动画片《狮子王 2：辛巴的荣耀》中，当辛巴的女儿琪拉雅在外面玩耍时，停下来看到眼前的景象时的推镜头。

图 6.6.1　美国动画片《狮子王 2：辛巴的荣耀》中的推镜头

（2）摇镜头

摇镜头是指当摄像机机位不做位移运动，利用三脚架、云台拍摄方向可变动的功能让机身做上下、左右转动的镜头手法。

摇镜头犹如人们转动头部环顾四周或将视线由一点移向另一点的视觉效果。摇镜头可以很好地展示空间环境，有利于通过小景别画面包容更多的视觉信息，如图 6.6.2 所示日本动画片《千与千寻》（吉卜力工作室制作的动画电影）中的摇镜头。

图 6.6.2　日本动画片《千与千寻》中的摇镜头

通过镜头的牵引产生强透视，给观众制造紧张气氛，让建筑更加神秘并给观众带来压力。

（3）移镜头

移镜头是摄像机沿着平行方向或左右或上下或按一定斜度拍摄的镜头。移镜头是机器自行移动，不必跟随被摄对象。它类似于生活中的边走边看的状态。由于机位不固定，所以比摇镜头有更大的自由度，它能打破画面的局限，扩大空间视野，表现广阔的生活场景，如图 6.6.3 所示日本动画片《龙猫》（宫崎骏导演）中的移镜头。

图 6.6.3　日本动画片《龙猫》中的移镜头

两个主人公等候巴士的画面，先对准巴士来的方向，然后巴士从画面右下方驶入画面，向左上方行驶。镜头随着小货车行驶的方向开始向斜上方移动。目的是表现更为广阔的乡间环境。

（4）跟镜头

跟镜头是指摄像机跟随被摄对象保持等距离运动的移动镜头。跟镜头始终跟随着运动着的主体，有特别强的空间穿越感，可以很好地表现运动主体的运动方向、速度以及周围环境的关系，如图 6.6.4 所示日本动画片《天气之子》（由 Comix Wave Film 制作，新海诚执导）中的跟镜头。

图 6.6.4　日本动画片《天气之子》中的跟镜头

这组跟镜头展现了男主角迫切想找到女主角的心情。

（5）甩镜头

甩镜头是指摄像机从一个拍摄点甩到另一个拍摄点进行拍摄，能够展现主要场景、内容或景别的变化。甩镜头的显著标志是一个镜头甩到下一个镜头时中间过程会出现画面模糊的效果。图 6.6.5 所示为日本动画片《天气之子》中的甩镜头，摄像机画面从一条公路甩到下一个路口。

图 6.6.5　日本动画片《天气之子》中的甩镜头

任务分析

实训目的：掌握运动镜头常用形式，将动画的主体、场景与镜头语言相结合。

操作要求：运动镜头的制作要注意画面的视点、景别、角度及构图。注意画面中的人物及环境，预计好镜头画面的长短，很好地展现出镜头效果。

技能点拨：运动常常是假定性的，绘制运动镜头时要把摄像机当成一个演员的眼睛。

任务实施

1. 分析分镜头脚本内容设计镜头运动形式

根据分镜头脚本内容来分析一下如何制作能更好地展现画面内容。

1）如图 6.6.6 所示，分镜头 Sc-39 是一个从上往下摇动的镜头，从场景透视来看动画是模拟摄像机在大树中段的位置，从仰视树冠到平视树干、俯视地面的一系列摇移过程。

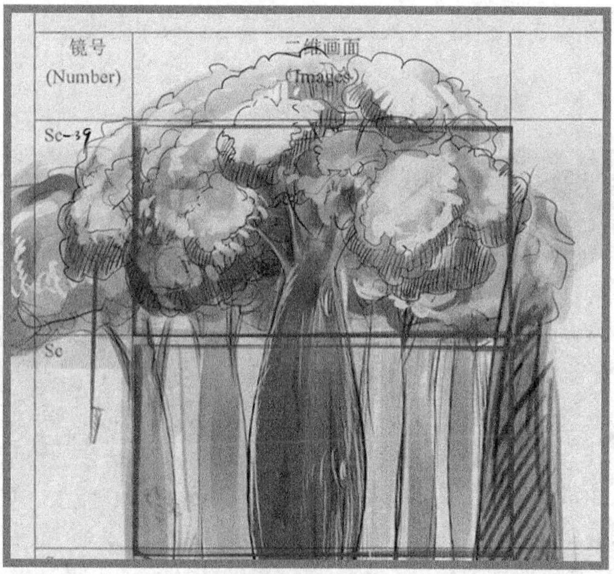

图 6.6.6　分镜头 Sc-39

2）如图 6.6.7 所示，分镜头 Sc-42 是一个跟镜头，动画模拟摄像机跟着主角穆童从左向右移动。

图 6.6.7　分镜头 Sc-42

2. 动画运动镜头的制作

根据以上分析，以剧本节选内容为例，为大家展示如何制作运动镜头（步骤仅供参考）。

1）如图 6.6.8 所示，在第 1 帧插入关键帧。第一个场景是一个全景，人物在右下角，为了让树看起来更高大，也为了让整个画面更有空间感，这里需要做一个摇镜头，如图 6.6.9 所示。

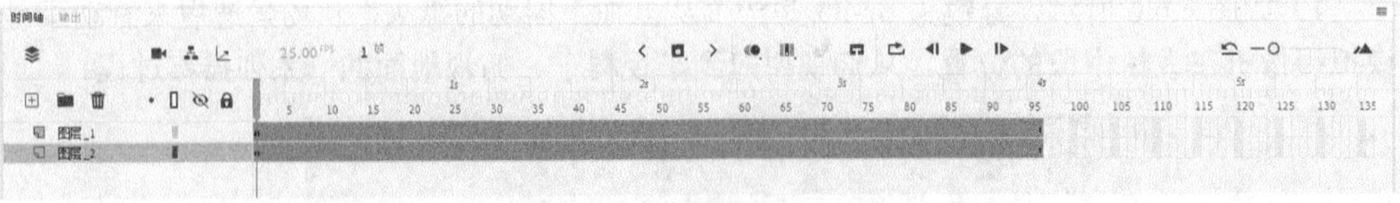

图 6.6.8　在第 1 帧插入关键帧

图 6.6.9　全景

2）起始的景别是大树的近景，镜头从大树的顶部开始，在第 25 帧插入关键帧，如图 6.6.10 所示。前面留 24 帧的画面停留，让观众可以看清楚画面，如图 6.6.11 所示。

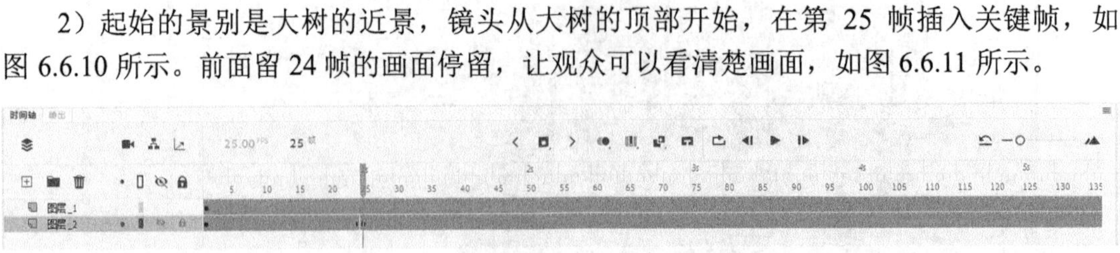

图 6.6.10　在第 25 帧插入关键帧

3）如图 6.6.12 所示，在第 101 帧插入关键帧，然后在第 25 帧和第 101 帧之间创建传统补间，把第 101 帧的画面竖直移动到大树的中间位置，因为这一帧的大树就是视点的中间位置，如图 6.6.13 所示。

图 6.6.11　画面停留

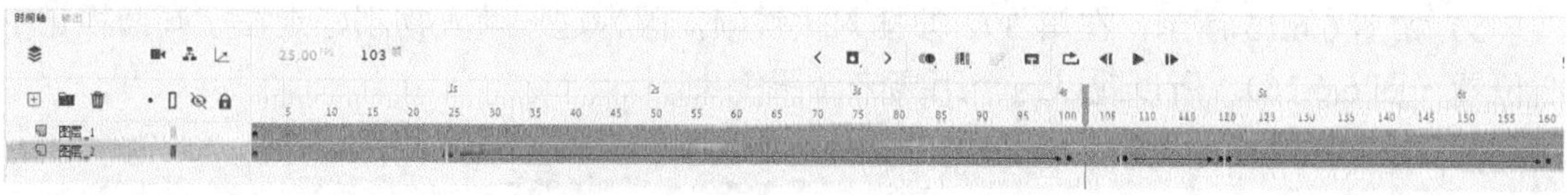

图 6.6.12　在第 101 帧插入关键帧

图 6.6.13　视点的中间位置

4）第二个场景是人物在森林里走的场景，为了让画面有特别强的穿越空间感，也为了更好地表现运动主体的运动方向、速度以及周围环境的关系，所以这里加一个跟镜头，如图 6.6.14 所示。

图 6.6.14　跟镜头

5）如图 6.6.15 所示，在第 392 帧插入关键帧，因为这一帧人物刚好走在了画面视觉中心位置（图 6.6.16），所以就以这个距离来做跟镜头。

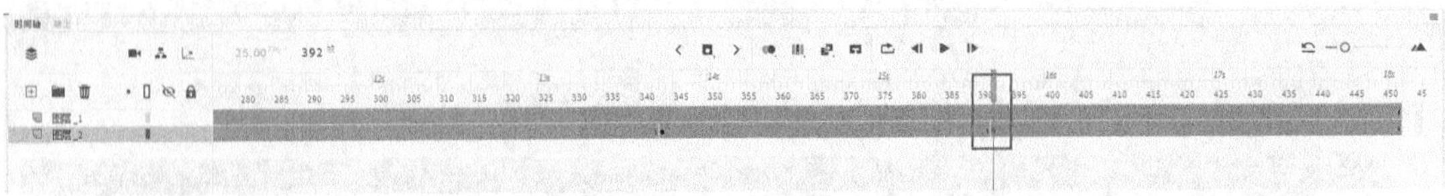

图 6.6.15　在第 392 帧插入关键帧

图 6.6.16　视觉中心位置

6）如图 6.6.17 所示，在第 546 帧插入关键帧，然后在这两帧中间创建传统补间，把第 546 帧的画面移动到人物的位置与第 392 帧相同的地方，然后在后面再留一点时间让人物在固定镜头下往前走一段距离，让观众有个视觉缓冲，如图 6.6.18 所示。

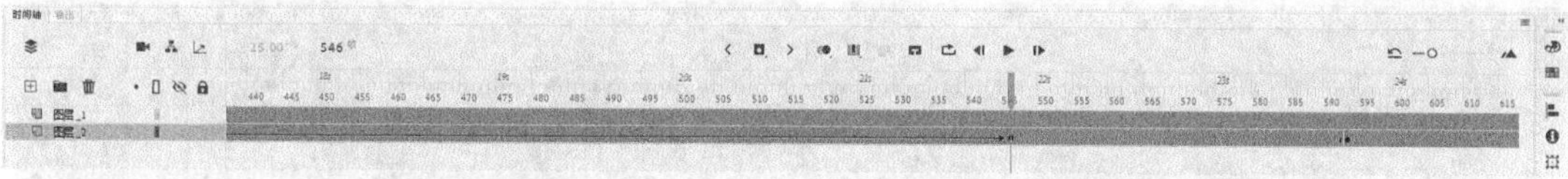

图 6.6.17　插入关键帧并创建传统补间

图 6.6.18　视觉缓冲

7）第三个场景是女侠从左边画面入画、右边画面出画及主角惊讶的镜头。为了与前面看到远处有物体过来的吃惊镜头相衔接，也为了表现出画面空间的宽阔，这里用一个平移镜头表现，如图 6.6.19 所示。

图 6.6.19　平移镜头

8）进入元件，在第 32 帧插入关键帧。因为这一帧女侠刚好跑到主角面前，所以要停留到主角的画面上，表现主角的反应。在第 1 帧和第 32 帧之间创建传统补间，如图 6.6.20 所示，把第 32 帧的画面平移到以主角为中心的画面上，如图 6.6.21 所示。

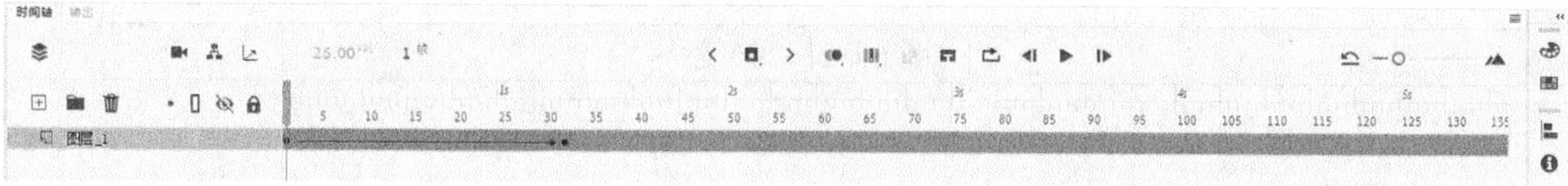

图 6.6.20　插入关键帧并创建传统补间

图 6.6.21　中心画面

9）如图 6.6.22 所示，在第 59 帧和第 82 帧插入关键帧，第 59 帧之前的帧是为了有视觉缓冲，第 82 帧之后的帧是为了表现人物的反应和表情，然后在第 59 帧和第 82 帧之间创建传统补间。第 82 帧的画面放大（推镜头）到人物的近景，也就是腰以上的位置，可以让观众注意到人物的表情及动作表现，如图 6.6.23 所示。

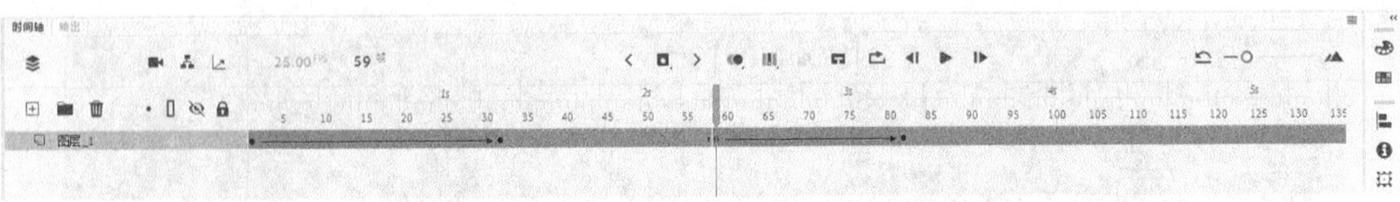

图 6.6.22　插入关键帧并创建传统补间

图 6.6.23　推镜头

技能提示

- 推、拉镜头经常用来在整个镜头拍摄过程中保持固定的画面构图。
- 摇镜头或移动镜头可以在动作结尾时揭示出一种预料中或意外的情况。

任务小结

通过本任务的学习，归纳总结如下。

① 掌握运动镜头常用形式，合理地运用运动镜头，可以使画面更富有动感。

② 运动镜头对于塑造人物性格、推动情节发展、带动观众情绪都起到至关重要的作用。

③ 在制作运动镜头时，应注意镜头的时间长度，把握好节奏。

课后练习

请选择运动镜头中的推、拉、摇、移、跟、甩这几种表现形式中的一种，为以下剧本片段中的内容进行运动镜头制作。要求如下。

① 镜头语言要贴合画面内容，能够很好地为剧情服务。

② 时长合理。

《神奇小侠》剧本片段

蓝蓝的天空裹着金灿灿的太阳和软软的白云，绿色小草和花朵正在随风摇摆，蝴蝶在花丛中翩翩起舞。潺潺小溪里的鱼儿们正沐浴着午后的阳光，不时地还有几只鱼儿腾空跃起泛起阵阵水花。

穆童的一双眼睛在炫目的阳光中缓缓睁开。山脚边的碎石旁白虎化身的卡卡（白虎 Q 版）像馋猫一样眯着眼舔着穆童的脸蛋。

任务 6.7　自然效果动画

任务介绍

本任务主要了解自然现象的运动规律，做出符合自然规律的动画效果，丰富动画情节和画面。通过本任务的学习，能够了解云、雨、电效果的制作方法，并可以合理运用 Animate CC 资源变形工具，独立完成自然特效的制作。

相关知识

1. 了解自然现象的运动规律

（1）自然现象的运动规律——云

云在二维动画中的形象是多种多样的，既可以用比较写实的方法加以表达，又可以画成装饰风格强的图案。云在运动时外形要适当变化，运动速度较慢，既可以是整块云团的飘动，也可以由一块大云团分裂成若干小云团。

写实风格：云在运动时速度不能快，外形会随着运动而变化，如图 6.7.1 所示。

图 6.7.1 写实风格的云

装饰风格：装饰感比较强，表现其运动时，可以先设计好运动线路，同写实风格的云一样，其外形会随着运动而发生变化，如图 6.7.2 所示。

图 6.7.2 装饰风格的云

运动表现：云在运动过程中，常常会由大块的云朵分裂成若干个小云朵，分裂出来的小云朵速度、距离要均匀，造型风格要统一。

（2）自然现象的运动规律——雨

从高空快速下落的雨点，由于视觉暂留的原理，给人的印象是一条线，只有近处的雨点，才会有点的感觉。所以，画雨时常把雨画成长短不一的线条，且所有雨点都朝同一个方向运动。为了表达动画镜头的深度，可把雨分成近、中、远 3 个层次来表现。

1）近层的雨运动速度较快，一个雨点从入镜头到出镜头可以画 6～8 张动画，雨点的形状可画得粗大些、间距也较大，如图 6.7.3 所示。

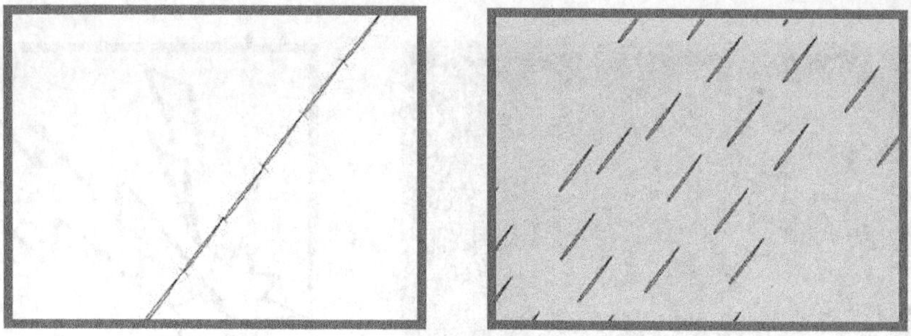

图 6.7.3　近层的雨

2）中层的雨运动速度略慢，一个雨点从入镜头到出镜头可以画 8～10 张动画，雨点的形状为较长的直线，间距略小些，如图 6.7.4 所示。

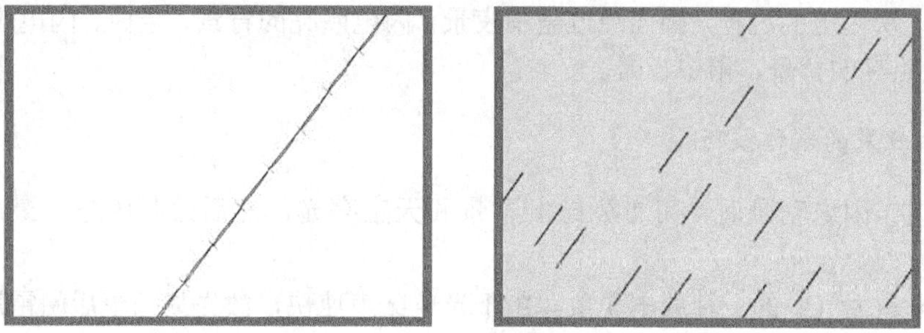

图 6.7.4　中层的雨

3）远层的雨运动速度最慢，雨点从入镜头到出镜头可以画 12～16 张动画，雨点的形状可用细密的线条组成片状，如图 6.7.5 所示。3 层雨叠在一起进行拍摄后可以循环使用。

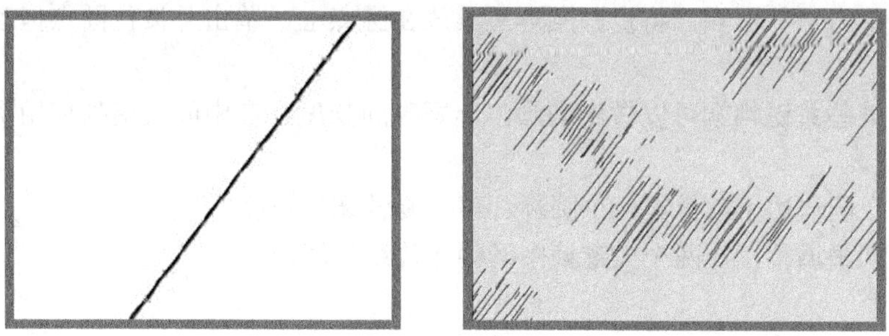

图 6.7.5　远层的雨

（3）自然现象的运动规律——闪电

在动画片中，闪电常以两种形式出现：一是在背景上直接画出闪电的形状，称之为有形闪电；二是不出现闪电的形状而由不同明度的画面组合而成，称之为无形闪电。

1）有形闪电。有形闪电按形状可分枝形闪电和图案形闪电两种，全过程约 7 张画面，如图 6.7.6 和图 6.7.7 所示。

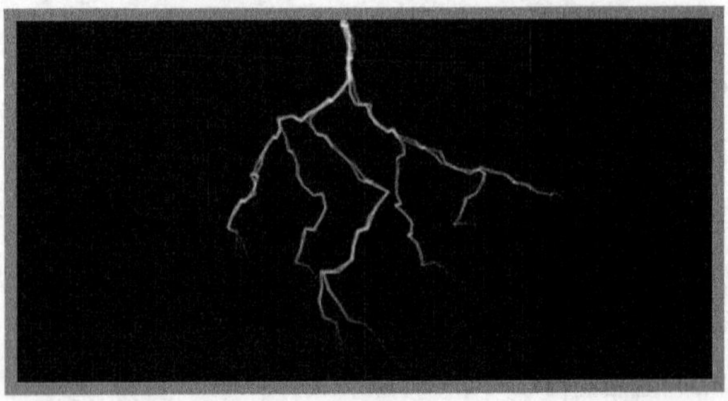

图 6.7.6　枝形闪电

图 6.7.7　图案形闪电

2）无形闪电。通过画面颜色来表达，准备好雨中夜景、闪电照亮的背景、全白和全黑 4 张画面。一次闪电的过程，画面经过雨中夜景、闪电照亮的背景、全白、闪电照亮的背景、全黑、闪电照亮的背景、雨中夜景。

2. 自然效果的制作技巧

1）在制作闪电动画时，可首先绘制背景和天空亮光，然后绘制闪电，最后添加背景建筑。

2）雷电是大气中的一种放电现象。由于光速比声速快，故先见闪电后闻雷声。

3）制作闪电效果时可以辅助白色的椭圆形，与背景色形成对比，营造闪电的氛围。

3. Animate CC 的资源变形工具

1）使用资源变形工具后，单击图像就会出现网格。

2）多次单击一些圆点，将资源变形工具放在圆点上，单击并按住圆点拖动，图形就会变形。

3）通过某些关键帧就可以做出动画，选好时间长度，在中间关键处使用资源变形工具改变图形形状。

4）每一个圆点边上都会有一个圆环，可以旋转调整角度。

5）做完动画调整，在两个关键帧中间创建传统补间。

任务分析

实训目的：掌握自然效果的制作方法，制作符合自然运动规律的画面效果。

操作要求：学会运用 Animate CC 资源变形工具，结合多种自然现象，使画面效果更加丰富，贴近生活。

技能点拨：使用资源变形工具可以方便、快捷地调节出闪电动画。

任务实施

闪电、瀑布、风和火焰的制作

1. 设计画面内容

自然效果动画一般不会单一出现，如下雨天通常伴随着乌云、闪电等。这里运用相关知识里面的所学内容，合理运用 Animate CC 工具，设计一个下雨天电闪雷鸣的自然效果动画。画面如下。

1）两朵乌云分别从左、右两边渐隐到画面中间，夹杂着闪电。

2）云朵选择写实风格的云，可以做多个层次的设计，使画面更丰富。

3）当闪电出现时，旁边可以辅助绘制纯白色的椭圆形，以增强闪电的效果。注意两者出现的先后顺序。

4）雨作为前景动画。

2. 闪电的制作

1）绘制第 1 帧的闪电原画。在画闪电前先把右下角工具栏上的画笔模式改为“伸直”，因为闪电的形状比较尖锐、硬直，这样容易绘制，如图 6.7.8 所示。

闪电的形状主要抓住 Z 形的走势，再适当添加点线条就可以。

2）如图 6.7.9 所示，在第 3 帧插入关键帧，这一帧的闪电形状应线条少点、块面大点，让它和前一帧有错落的起伏关系，如图 6.7.10 所示。

图 6.7.8　画笔模式

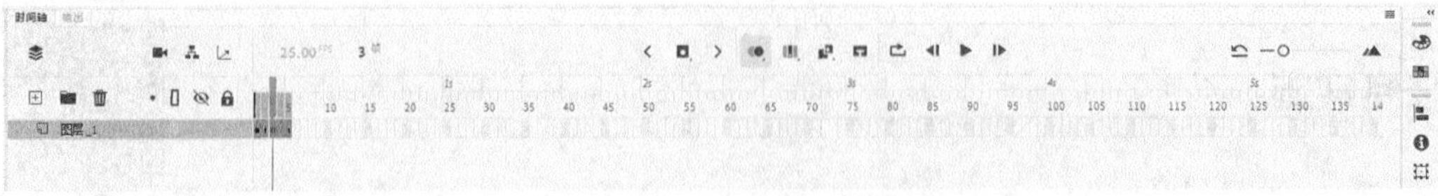

图 6.7.9　在第 3 帧插入关键帧

图 6.7.10　闪电形状

3）如图 6.7.11 所示，在第 5 帧插入关键帧，这一帧直接复制第 3 帧的闪电，用变形工具把它横向拉伸、纵向压缩，再横向倾斜一下，如图 6.7.12 所示，表现闪电横向激发的效果。

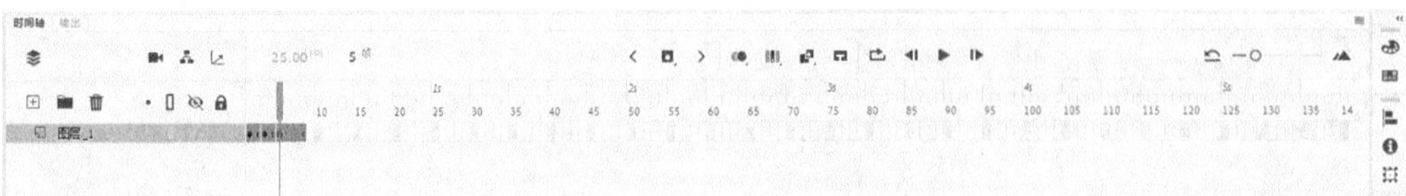

图 6.7.11　在第 5 帧插入关键帧

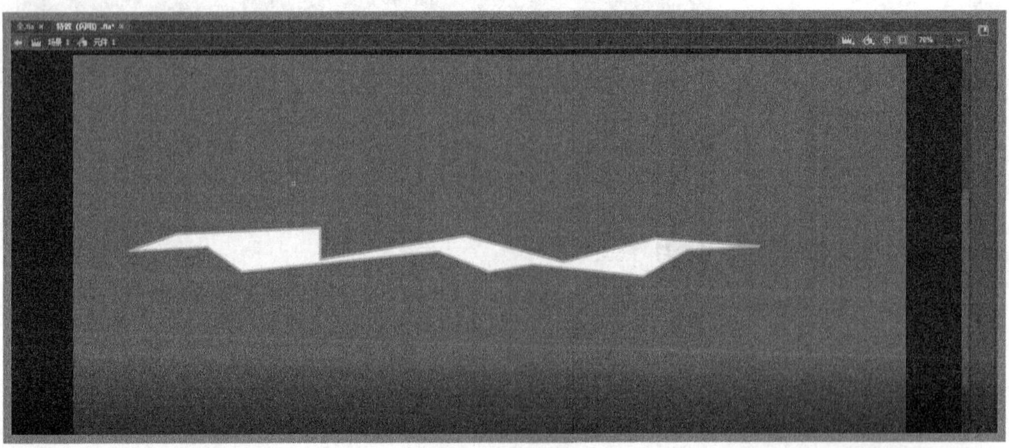

图 6.7.12　变形

4）如图 6.7.13 和图 6.7.14 所示，在第 7 帧插入关键帧，这一帧形状可以复制第 1 帧，形状差异最大的是第 1 帧和第 3 帧。

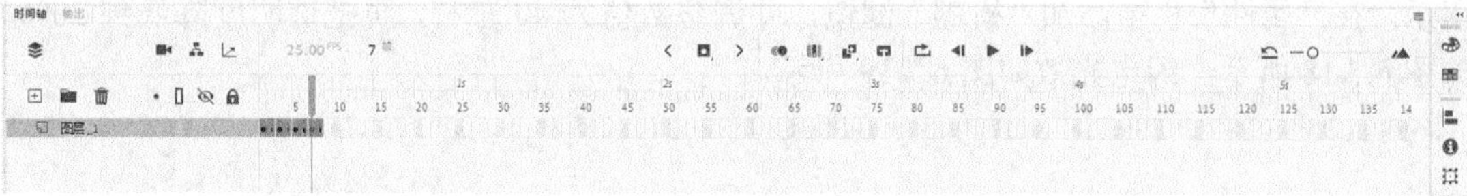

图 6.7.13　在第 7 帧插入关键帧

图 6.7.14　形状复制第 1 帧

5）在第 1 帧和第 3 帧中间插入空白帧，在最后一帧后面加入 5 帧左右的空白帧，使之有闪电那种闪烁的感觉，如图 6.7.15 所示。至此就基本完成了整个闪电主体效果的制作，闪电最终效果如图 6.7.16 所示。

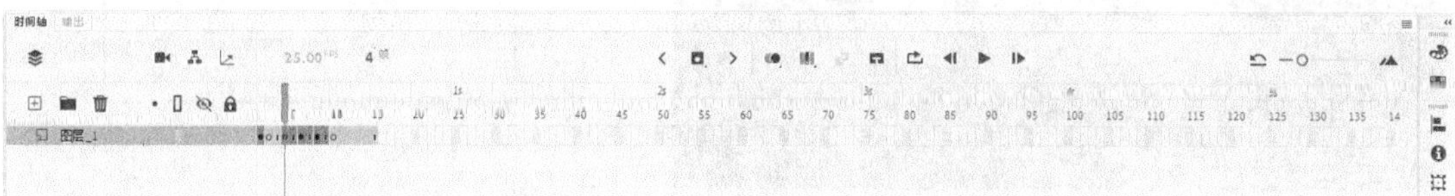

图 6.7.15　插入空白帧

图 6.7.16　闪电最终效果

6）为了更真实地表现闪电，在有闪电的帧数上面添加光效。沿着闪电的形状大致描绘出光效的轮廓，选偏黄的色彩填充并将其转换为元件，类型选择“影片剪辑”，如图 6.7.17 所示。在“属性”栏中添加“模糊”滤镜，并调整数值为 40 左右，再把透明度降低到 50%，如图 6.7.18 所示，闪电光效如图 6.7.19 所示。

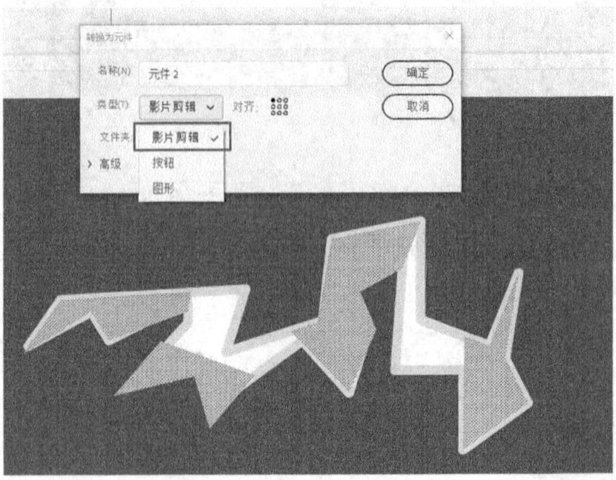

图 6.7.17　选择“影片剪辑”

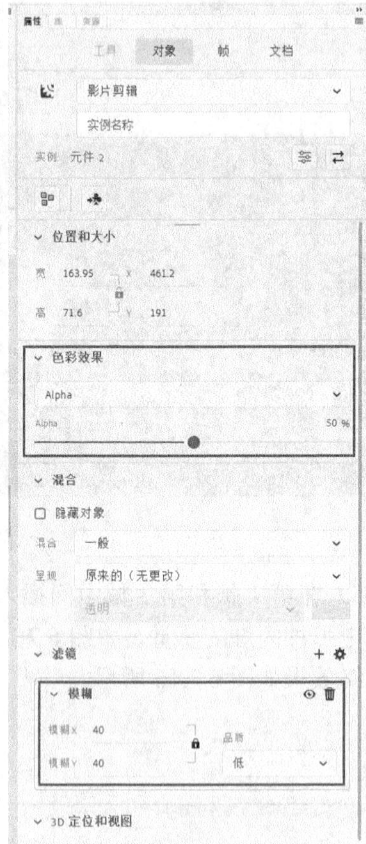

图 6.7.18　“属性”面板

图 6.7.19　闪电光效

7）闪电的最终动画过程如图 6.7.20 所示。

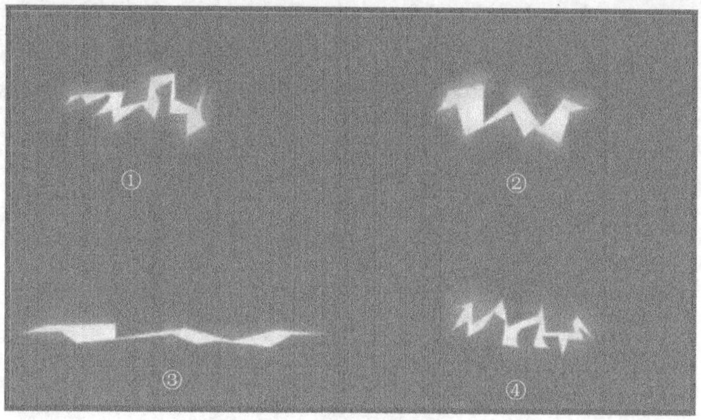

图 6.7.20　完整动画过程

3. 瀑布的制作

1）瀑布遵循曲线运动，会逐渐扩张和收缩，这就是水流的特点，如图 6.7.21 所示。

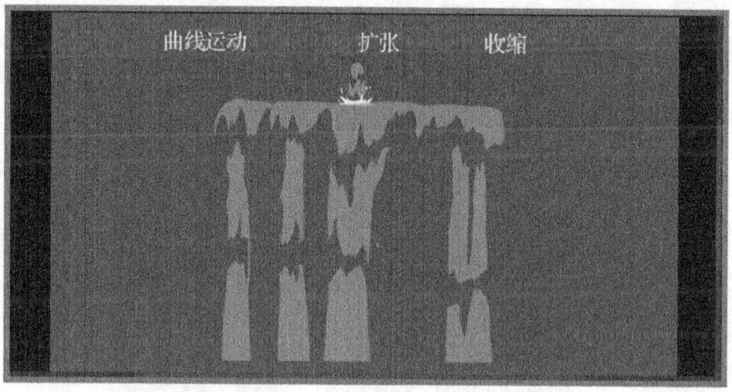

图 6.7.21　水流的特点

2）如图 6.7.22 所示，在第 10 帧插入关键帧。因为第 1 帧的水流空隙有点大，所以第 10 帧画水流扩张到最宽的形态，又因为曲线运动，可以把往外凸的水流想象成一个圆形的力，并逐渐往下落，落到第 10 帧时圆就差不多在中间位置了。按照这个理论，画出其他水流的状态后如图 6.7.23 所示。

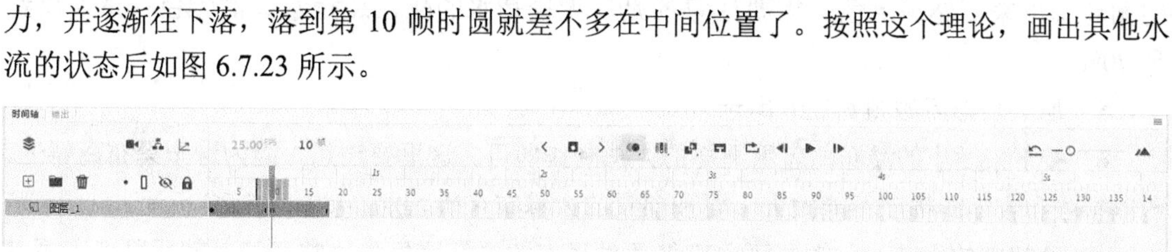

图 6.7.22　在第 10 帧插入关键帧

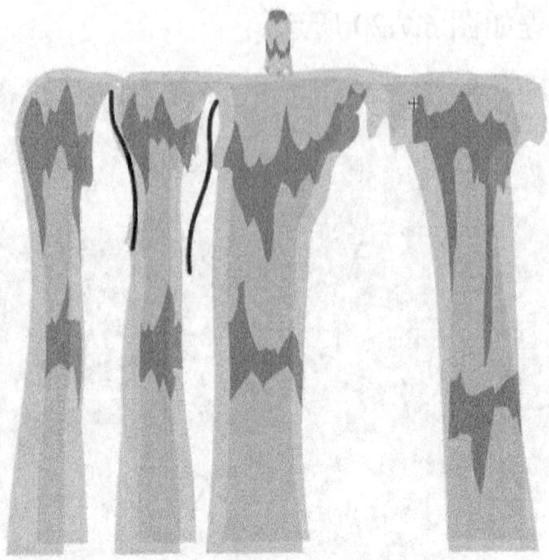

图 6.7.23　画出其他水流的状态

3）因为水的流动性，所以第 3 个水流稍往右边移动，第 2 个水流加点分叉，使之更符合真实水流的特点，水上的波纹也向下运动，如图 6.7.24 所示。

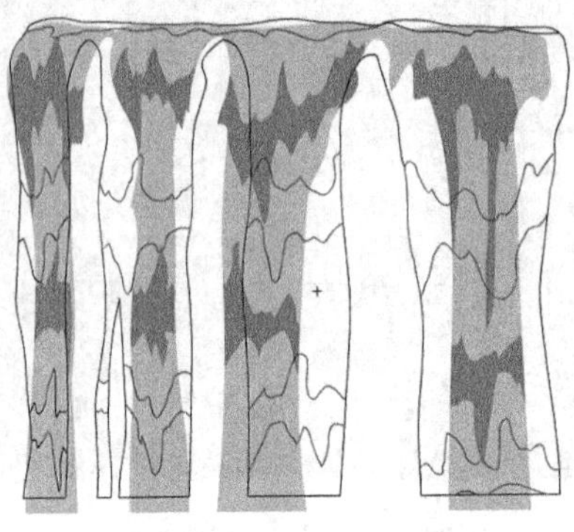

图 6.7.24　真实的水流特点

4）分别在第 4 帧和第 7 帧添加中间动画，如图 6.7.25 所示。根据同样的方法，把后面的循环画出来，然后上色。需要注意的是，无论是水的颜色还是水纹的颜色，透明度都是 70%。

5）加上阴影后如图 6.7.26 所示。

6）接下来做小的瀑布，运用同样的方法制作即可。这里要注意，因为这个瀑布离得远，所以扩张和收缩的幅度不能太大，要和前景的大瀑布有所区别，如图 6.7.27 所示。

7）溅起来的水花，只需要画出高低两种形态即可，这里先让它变高，然后降低，再变高，之后回到第 1 帧变低。为了不至于太简单，这 4 个关键帧的状态都要有所不同，让水花有更多变化，如图 6.7.28 和图 6.7.29 所示。

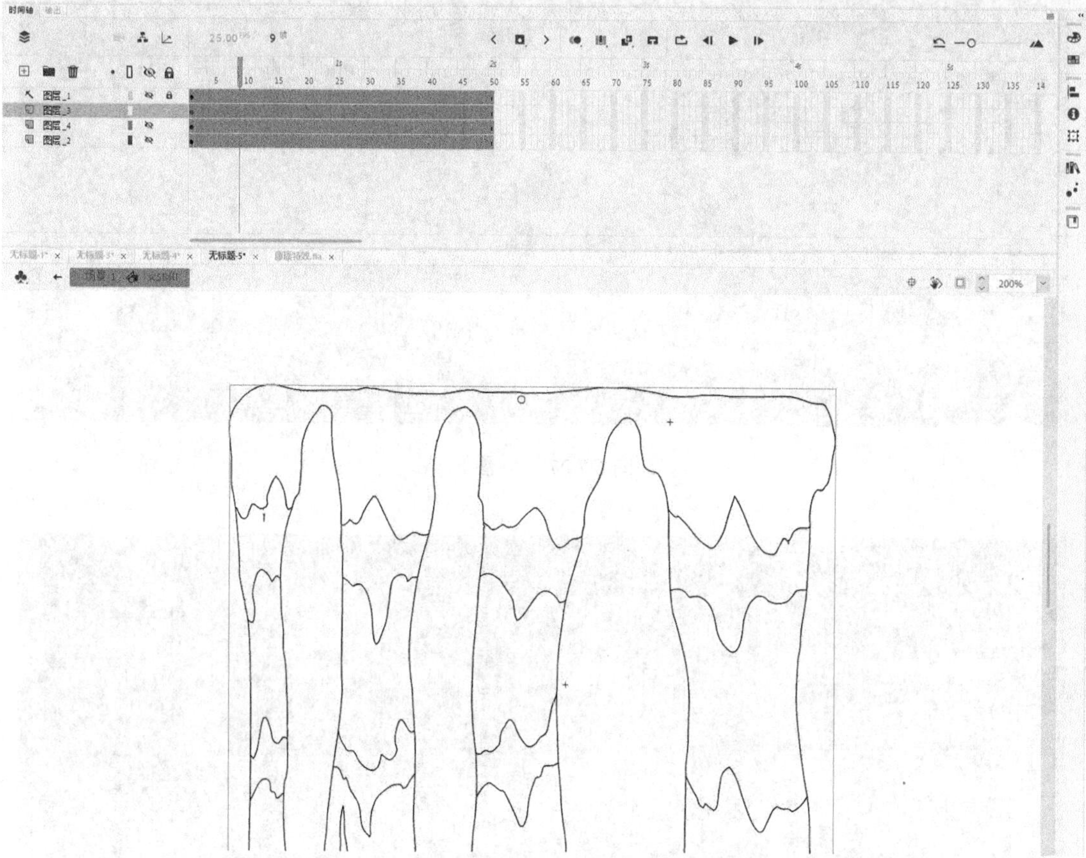

图 6.7.25　中间动画

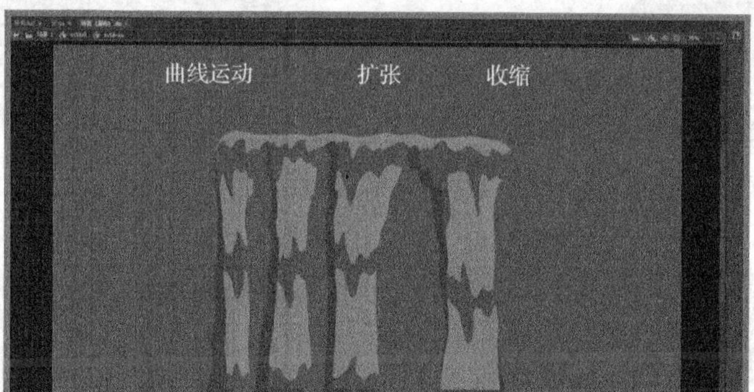

图 6.7.26　加阴影

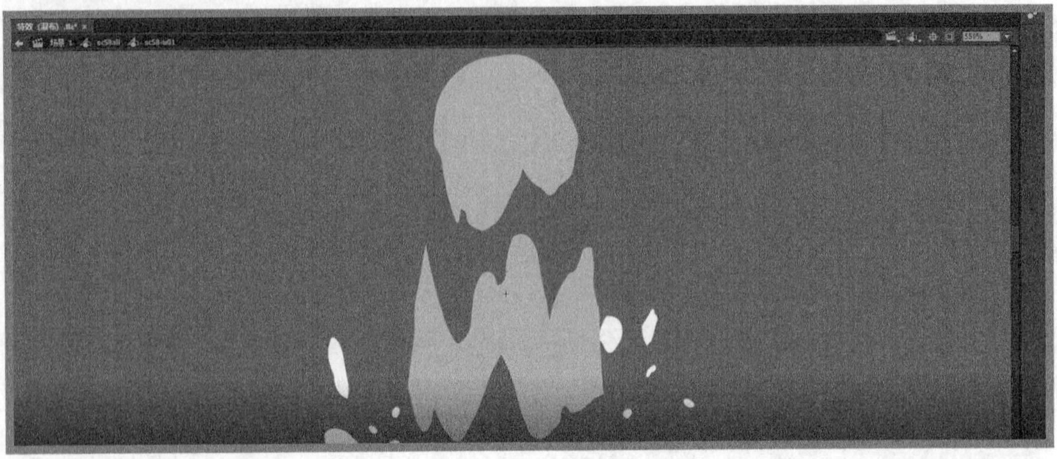

图 6.7.27　小瀑布

图 6.7.28　溅起来的水花

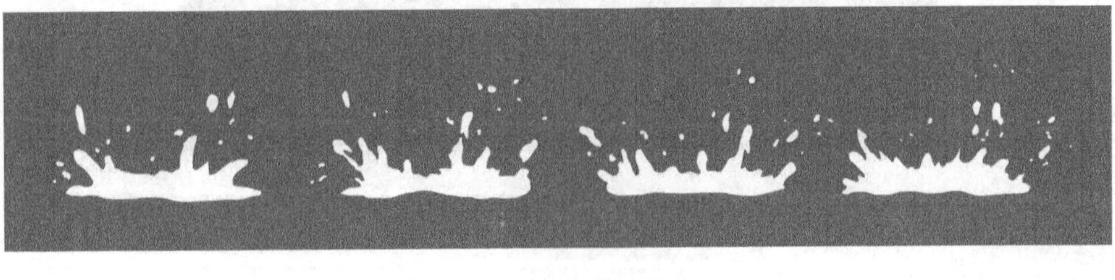

图 6.7.29　4 个关键帧的状态

8）瀑布的完整动画过程如图 6.7.30 所示。

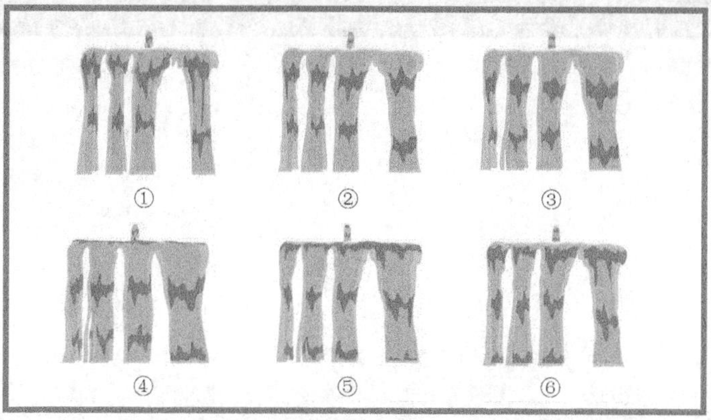

图 6.7.30　瀑布的完整动画过程

4. 风的制作

1）画出风的轨迹线，如图 6.7.31 所示。

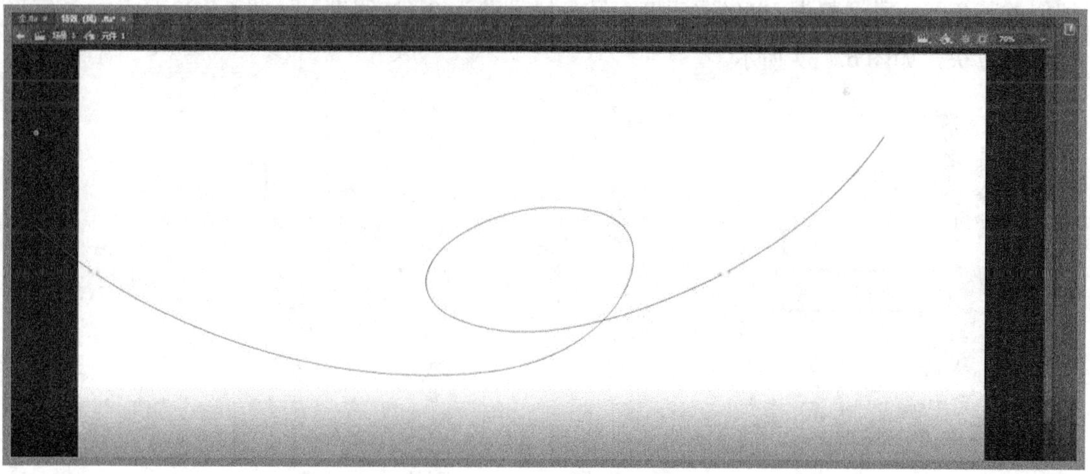

图 6.7.31　风的轨迹线

2）根据轨迹线逐帧画出风的形状，这里直接用线的形式表示。需要注意的是，最初设定风的长度后，全程都要保持大概相近的长度，不要一会儿变很长一会儿变很短；另外，用线表示的风不要出现完整没有断的线，一根线的中间应留点空白，如图 6.7.32 所示，否则看起来会很僵硬。

图 6.7.32　中间留点空白

3）风的动画画完后，光和线就比较单调，所以要给它加上一点效果，让它更完整。这里用画笔工具（快捷键 B），然后把填充的颜色模式调整为“线性渐变”，颜色选择和线条相似的蓝色，一段调整为 100%透明度，另一段调整为 0%透明度，如图 6.7.33 所示。画笔形状选择方块，如图 6.7.34 所示。

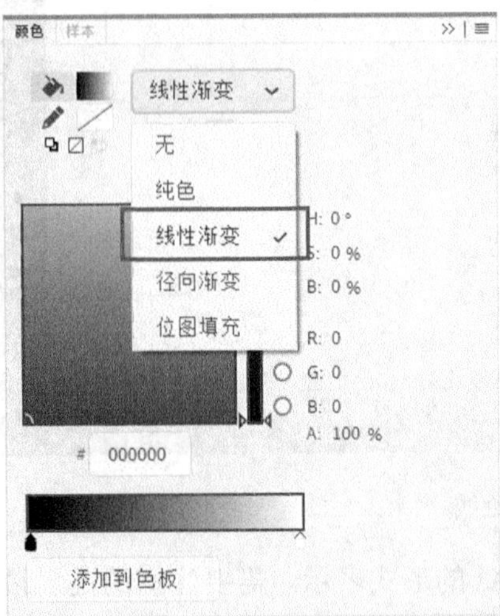

图 6.7.33　线性渐变

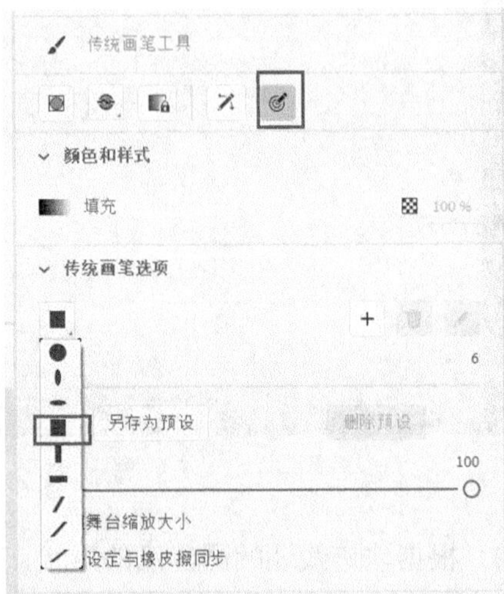

图 6.7.34　画笔形状

4）接下来逐帧画上线，不用画得太多，否则会把线的空隙感压下去，显得太沉闷，如图 6.7.35 所示。

图 6.7.35　逐帧画上线

5）最终风的完整动画过程如图 6.7.36 所示。

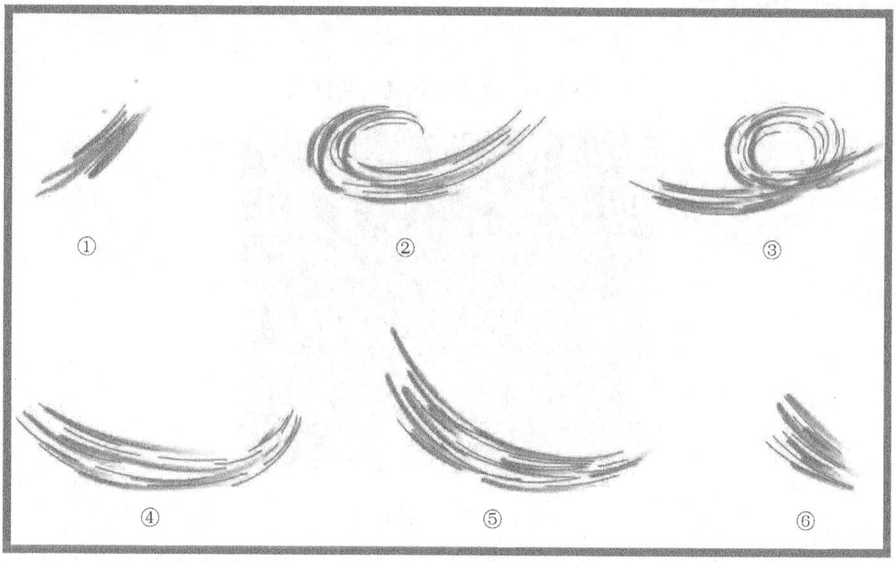

图 6.7.36　风的完整动画过程

5. 火焰的制作

1）燃烧中的火焰形状分为上升、分离、下沉和消失。首先画出一帧火焰的形状，火焰整体趋势为下大上小。

特别注意，火焰分为外焰、内焰和焰心 3 个部分，各部分颜色不同，要加以区分。这里先画分离出来的火苗，如图 6.7.37 所示。

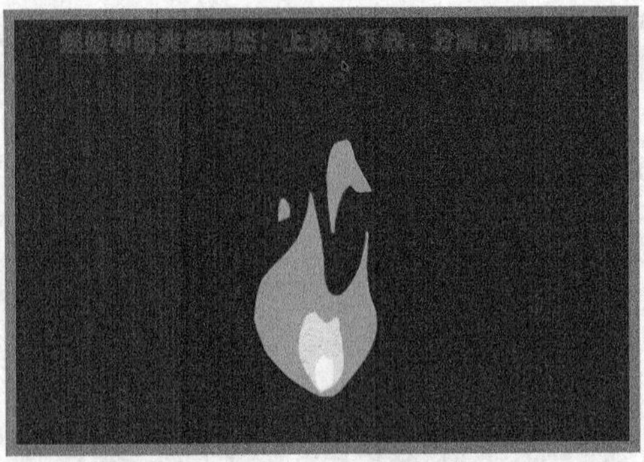

图 6.7.37　火焰的形状

2）如图 6.7.38 所示，在第 9 帧插入关键帧。这一帧火焰要表现出上升到最大幅度的动态，火焰拉升之后为保持体积不变，横向宽度要收缩一点。因为加上火焰分裂的动态，所以火焰上面部分画出朝向两边的形态。分裂是因为空气的流动，热气流上升，冷空气下沉，在火焰上也要画出空气的空隙。还要注意，第 1 帧分离出来的火苗逐渐变小，如图 6.7.39 所示。

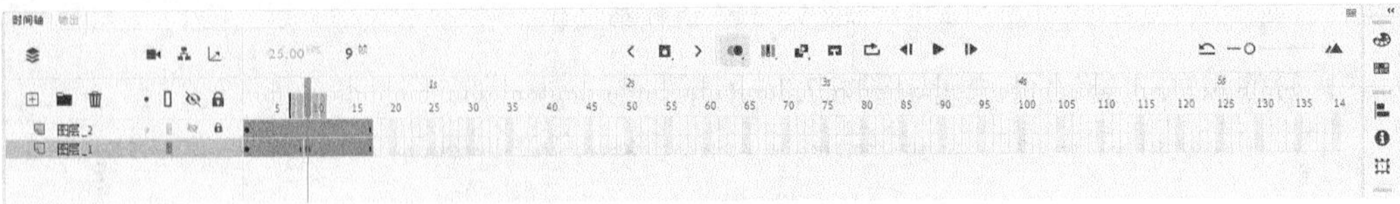

图 6.7.38　在第 9 帧插入关键帧

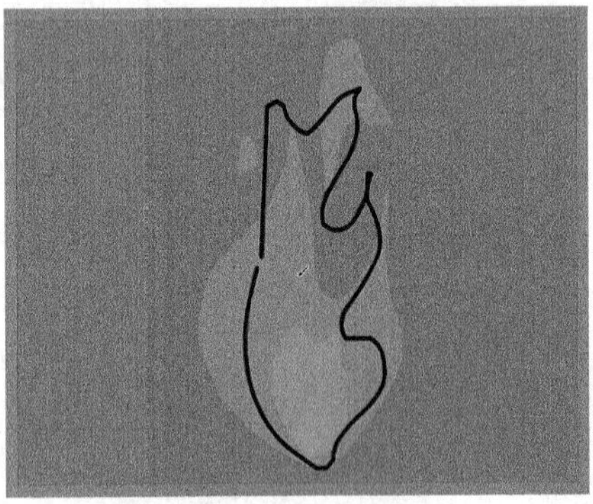

图 6.7.39　火焰形态

3）在第 5 帧插入关键帧画出中间动画。中间动画中火焰的形态在保持大的变化趋势下，可以加一些空气的空隙和火焰的扭动，使其更生动，如图 6.7.40 和图 6.7.41 所示。

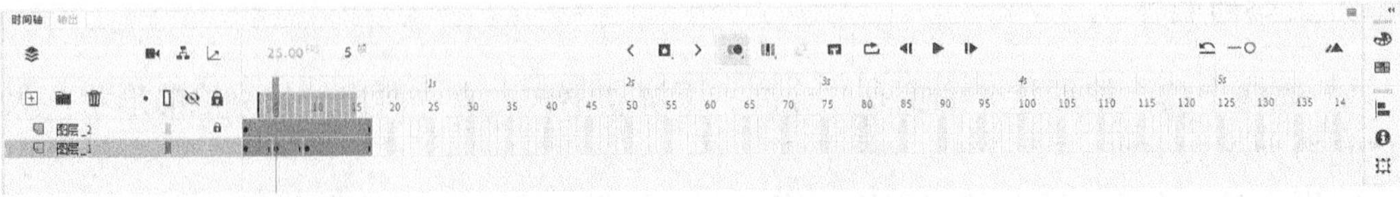

图 6.7.40　在第 5 帧插入关键帧

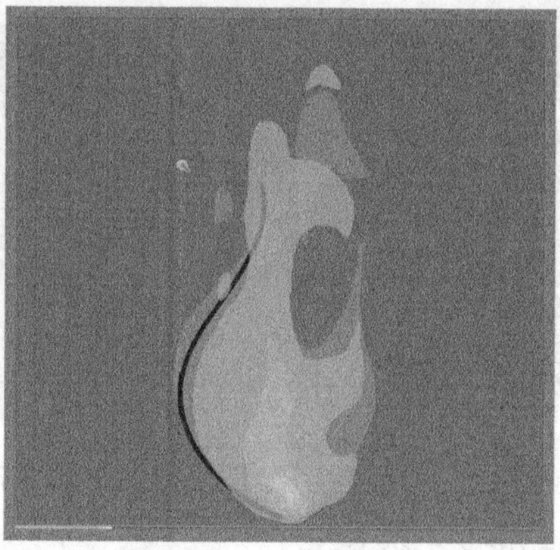

图 6.7.41　第 5 帧动画

4）分别在第 3 帧和第 7 帧插入关键帧，并画出中间动画，如图 6.7.42 所示。

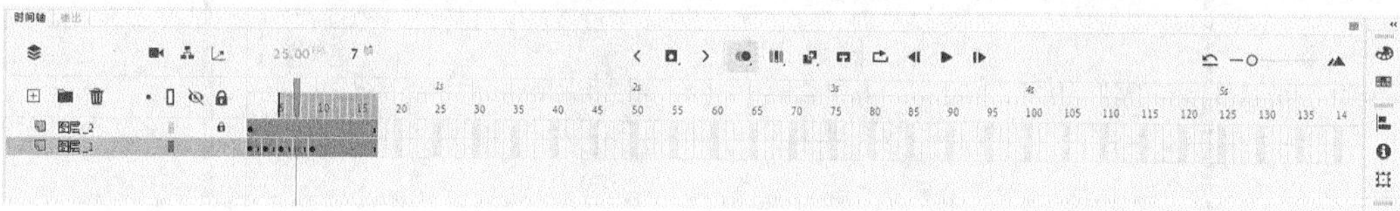

图 6.7.42　在第 7 帧插入关键帧

5）在第 9 帧之后，火焰下部分逐渐下沉，扩张回第 1 帧的样子；上半部逐渐上升，直到脱离成为第 1 帧的样子。在第 11、13、15 帧分别插入关键帧，先画出第 13 帧的中间动画，然后再画出两个关键帧之间的中间动画。这样火焰的动画就完成了，如图 6.7.43 所示。

6）给火焰加一个圆形的光晕。新建图层，画一个和火焰大小相似的椭圆，用“径向渐变”的方式填充黄色渐变，透明度为 100%和 0%，如图 6.7.44 所示。将椭圆转换成影片剪辑元件，添加滤镜中的模糊效果，设置模糊值为 30 左右，透明度为 50%左右，在第 9 帧和第 1 帧、第 6 帧分别插入关键帧，然后把第 9 帧光晕的透明度设置为 72%，再创建为传统补间。创建光晕和添加模糊效果后的火焰如图 6.7.45 和图 6.7.46 所示。

图 6.7.43　火焰完成动画

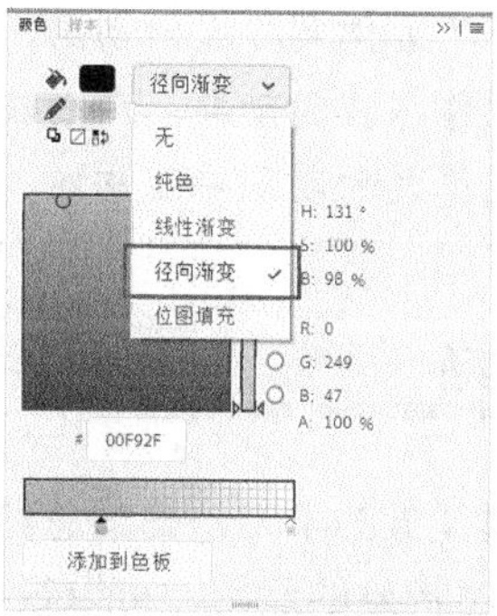

图 6.7.44　径向渐变

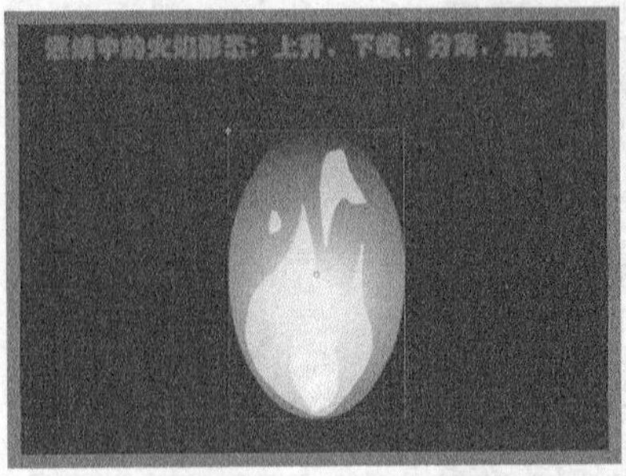

图 6.7.45　创建光晕

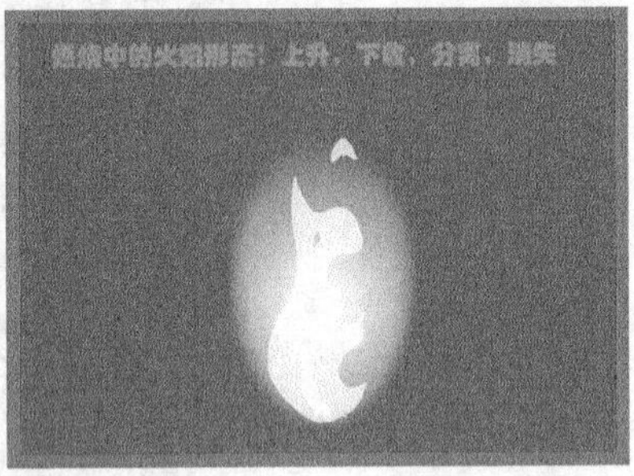

图 6.7.46　添加模糊效果

7）火焰的完整动画过程如图 6.7.47 所示。

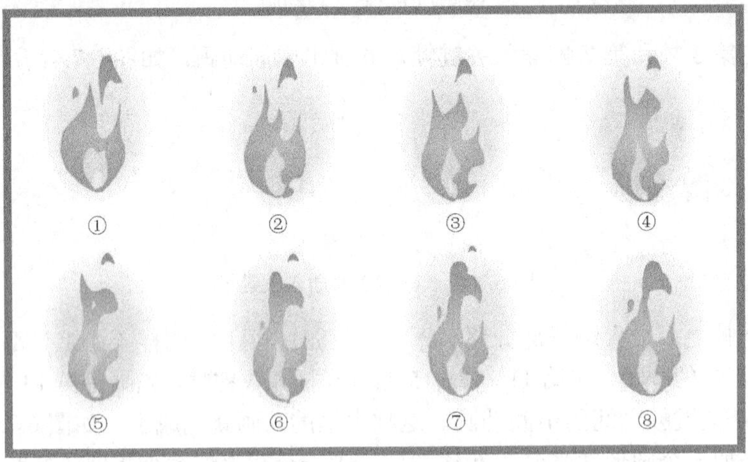

图 6.7.47　完整动画过程

技能提示

- 制作闪电渐隐动画时，透明度渐变为 0%。
- 为了方便制作风的动画，可以先绘制风的运动轨迹。
- 制作水波的动画，水面波纹要有远近的透视变化。
- 制作火的动画要注意内、外火焰的不同变化。

任务小结

通过本任务的学习，归纳总结如下。

① 自然特效的运用，可以很好地丰富二维动画画面效果，营造出符合情节的氛围，给观众完美的视觉体验。

② 在制作自然特效时，可以辅以 Animate CC 资源变形工具制作动画。

③ 掌握闪电、水、风、火的基本运动规律，可以制作出符合规律的自然特效，使画面更加贴近现实。

课后练习

结合自然现象的运动规律，合理运用 Animate CC 资源变形工具。制作一个包含电、水、风、火、云的自然效果动画。要求如下。

① 所有运动要符合自然现象的运动规律。

② 所有自然现象的动画要处于同一场景，并较为合理地发生，比如，风吹动乌云，乌云密布后产生闪电，闪电击中树木着火，火烧断树枝，树枝掉入水中产生水波……

项目 7

后期制作

在完成一部动画片所有分镜头的制作后，将所有完成的动画镜头通过剪辑合成的技术组合成一个整体的过程被称为动画片的后期制作。作为制作环节的最终步骤，后期制作极大地影响着动画最终效果。好的后期制作可以吸引观众，对动画进行一个整体的升华，使人印象深刻。

学习目标

- 学会动画影片后期剪辑技术。
- 掌握配音、背景音及特效音的应用。
- 学会片头标题设计与字幕设计制作。

素养目标

- 培养学生小组合作、自主探究的能力。
- 培养学生自我激励、自我展示、勇于尝试的精神。
- 通过后期项目的制作让学生理解“幕后”工作的重要性，发扬“螺丝钉”的精神。

任务 7.1 影片剪辑与合成

任务介绍

本任务通过使用后期软件，剪辑合成《不一样的闹剧》动画片段，学习什么是动画的剪辑合成，了解动画后期导出及合成为成片的过程。为后期包装及制作完成度更高且更精美的动画片做铺垫。

任务分析

实训目的：了解并实践动画如何在软件中导出以及重新合成。

操作要求：结合 Premiere Pro、After Effects 这两种软件进行编辑。

技能点拨：灵活运用 Premiere Pro、After Effects 软件进行操作，可以让动画的输出更完整。

相关知识

动画后期的作用及常用软件

1. 动画后期的作用

动画后期是制作动画的最后一个也是非常重要的环节。没有后期的动画，会显得很单调，缺少美感，有些想要的效果无法呈现。如果后期制作的效果很好，不仅会为动画整体加分，也会在视觉上更加吸引观众。

2. 动画后期常用的软件

Premiere Pro，主要用于对各种制作文件进行视频合成、剪辑、配音方面的处理。

相比 Premiere Pro 来说，After Effects 处理的功能更为细致。After Effects 多用于制作文件的渲染、合成、增加特效，甚至有时可以进行动画制作，其功能相对其他后期软件更为强大。

下面结合后期软件 Premiere Pro 来讲解影片剪辑合成。

任务实施

1）在 Premiere Pro 中打开需要剪辑的影片，如图 7.1.1 所示。

2）常用剪辑工具有选择工具、轨道选择工具、剃刀工具等，如图 7.1.2 所示。

① 选择工具（快捷键 V）。这个工具可以对文件进行选择、将选中的文件拖曳至其他轨道、对选中的文件进行右键菜单管理等。

② 轨道选择工具（快捷键 A）。当一轨道上有多个文件时，会选中当前文件后方的所有文件。

③ 剃刀工具（快捷键 C）。可以把一个视频分成很多段，只需在视频文件上单击即可。

3）在片头和正片相接的地方加转场进行过渡，先用剃刀工具将视频在合适的位置剪开，如图 7.1.3 所示。

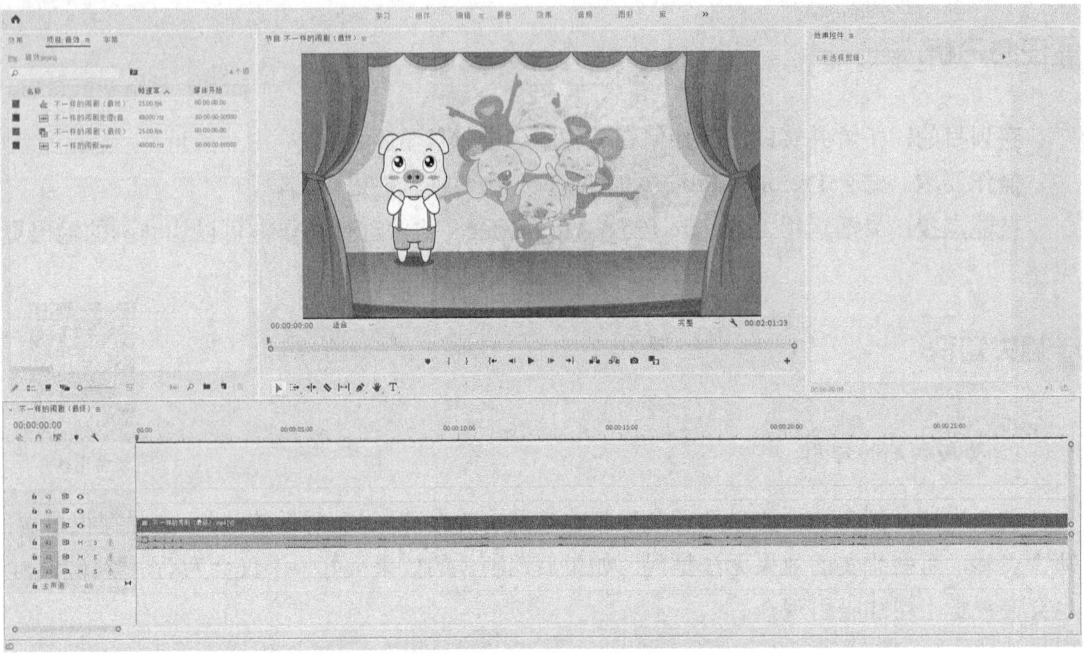

图 7.1.1　在 Premiere Pro 中打开剪辑影片

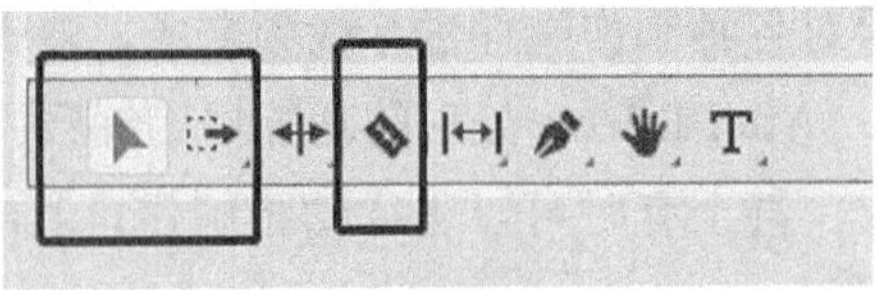

图 7.1.2　常用剪辑工具

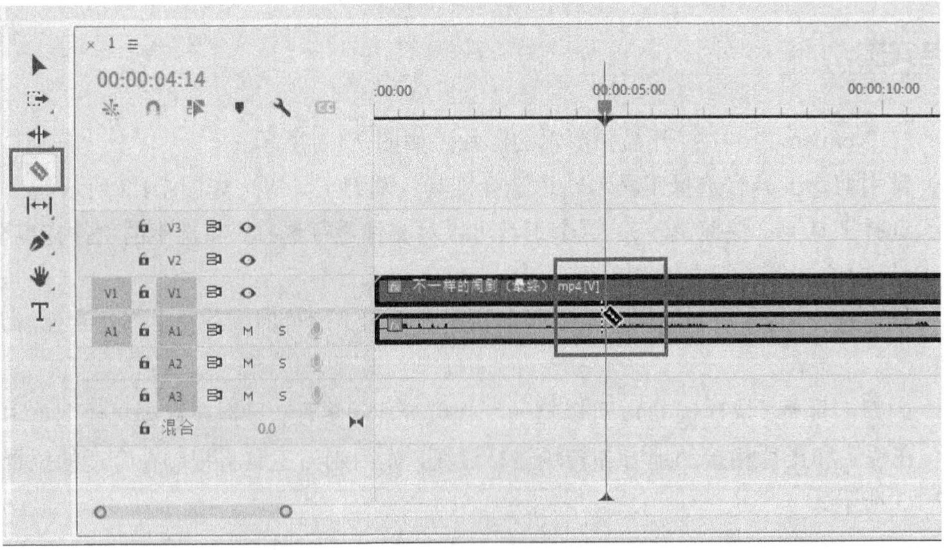

图 7.1.3　剪开视频

4）打开“效果”选项卡，选择“视频过渡”下的“溶解”选项，一般用到的就是图 7.1.4 所示的几种效果。

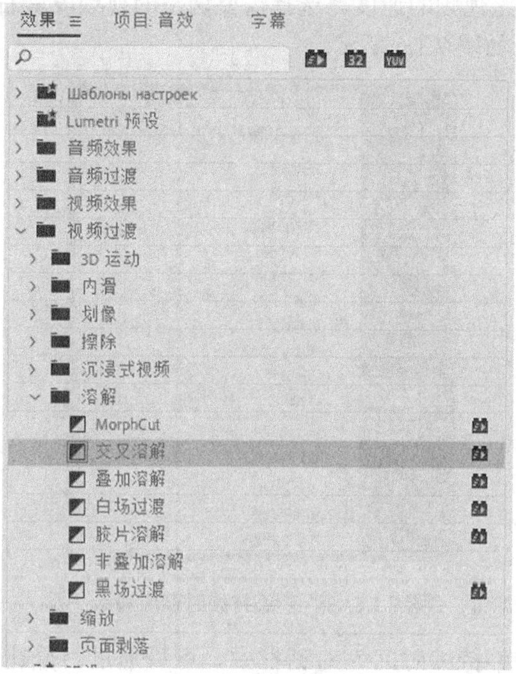

图 7.1.4　视频过渡

5）选择合适的效果后，将效果直接拖动到视频上即可，如图 7.1.5 所示。可以逐个尝试选择最适合的转场效果，转场长度可自由调节。

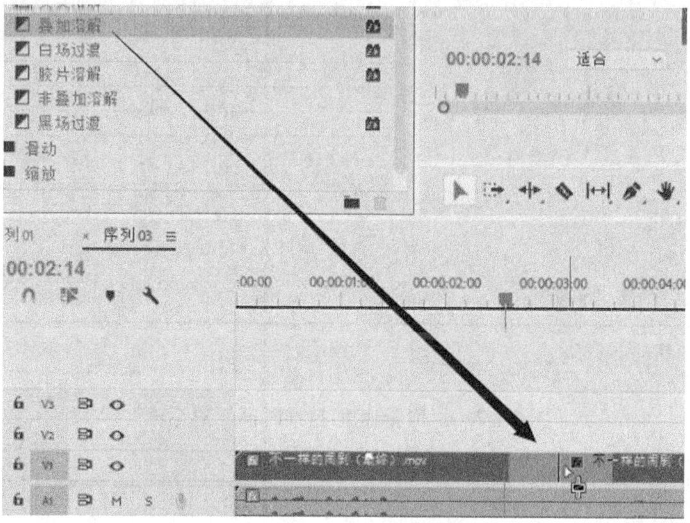

图 7.1.5　拖动效果至视频上

“白场过渡”、“黑场过渡”和“叠加溶解”用得比较多；片头和片尾结束时同一时段不同场景也可用“白场过渡”。

6）在剪辑过程中调整视频的速度。选择需要调整的视频段后右击，在右键菜单中选择“速度/持续时间”命令，如图 7.1.6 所示。

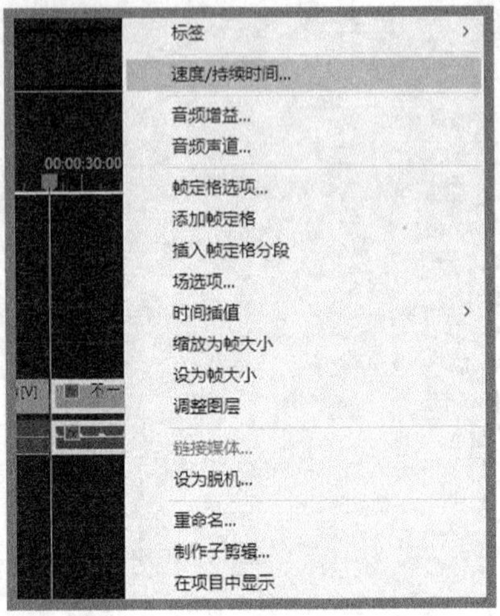

图 7.1.6　“速度/持续时间”命令

在打开的“剪辑速度/持续时间”对话框中，可以通过百分比来调节视频的快慢，如图 7.1.7 所示。

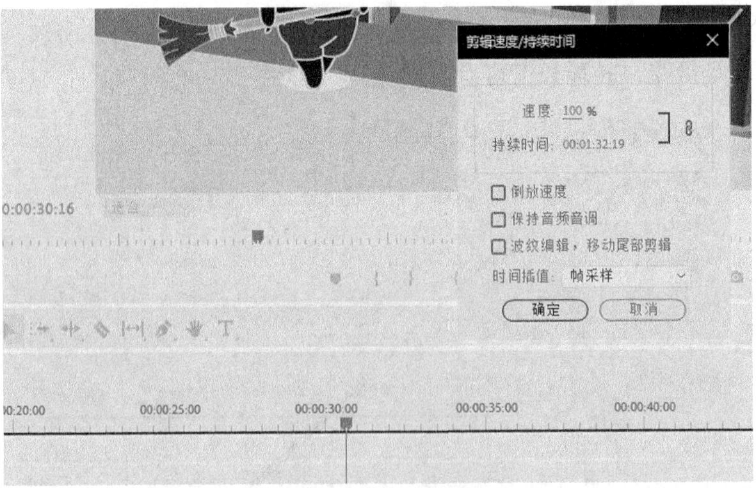

图 7.1.7　“剪辑速度/持续时间”对话框

任务小结

通过本任务的学习，归纳总结如下。

① 动画后期的编辑需要将透明通道导入后期软件中来实现最终渲染与导出。

② 动画后期的合成作为后期编辑的第一步，为后面的特效制作起到了铺垫作用。

课后练习

结合动画片《神奇小侠》的工程文件，将这部分文件导出成一个完整动画片段。要求如下。

① 动画的镜头顺序要正确。

② 人物的动作及场景前后顺序要正确。

任务 7.2　音效剪辑与合成

任务介绍

根据动画片《神奇小侠》，学习如何在动画片中添加音效，让画面与音效匹配，形成完整的镜头效果。有丰富音效的动画，会更为生动感人。

任务分析

实训目的：能够在动画中添加音效。

操作要求：在 Premiere Pro 软件中进行操作。

技能点拨：灵活添加音效，可以让动画片更生动。

相关知识

动画音效的作用

音效是动画片中的重要因素。动画音效能解释、烘托动画画面，有补充情节、渲染气氛等作用，可以让动画片更完整、生动。

随着录音技术的进步和数字音乐的兴起，音效师不仅能够让观众倾听日常生活中不可能的音效，而且可以为影片创造出现实中不存在的音效，特别是在科幻片、灾难片等电影中。

任务实施

1）在 Premiere Pro 中打开需要添加音效的视频文件，如图 7.2.1 所示。

2）播放视频，找到需要添加音效的画面，如图 7.2.2 所示，图中是人物在走路。

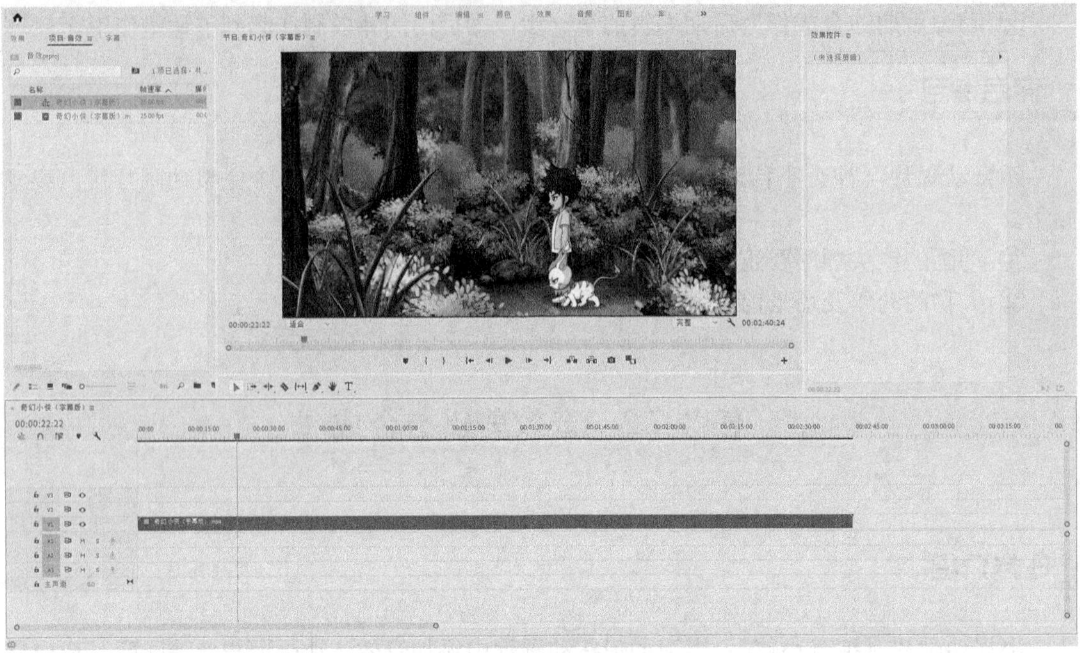

图 7.2.1　打开视频文件

图 7.2.2　找到添加音效的画面

3）将人物走路的音效素材拖动到音频轨道上，播放视频，确定音频起始位置，如图 7.2.3 所示。

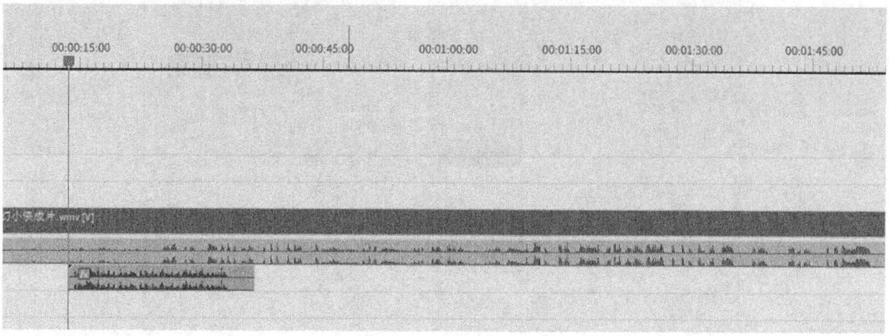

图 7.2.3　确定音频起始位置

4）可直接手动调整音频的长短，如图 7.2.4 所示；也可在音频上右击，选择右键菜单中的“剪辑速度/持续时间”命令，调整音频长短和速度，如图 7.2.5 所示。

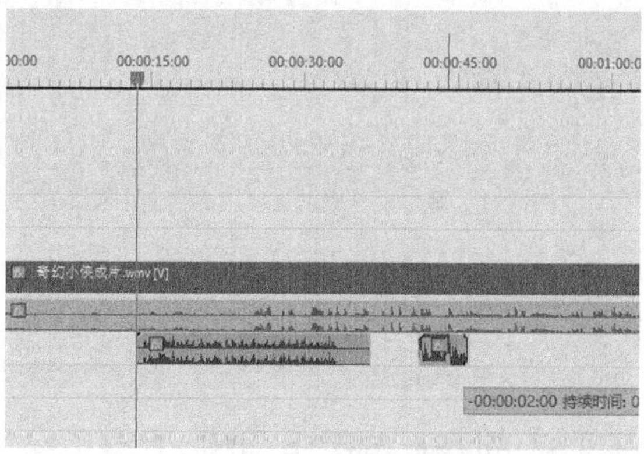

图 7.2.4　调整音频长短

图 7.2.5　调整音频长短和速度

5）可通过音频“效果控件”栏调整音频音量，如图 7.2.6 所示。

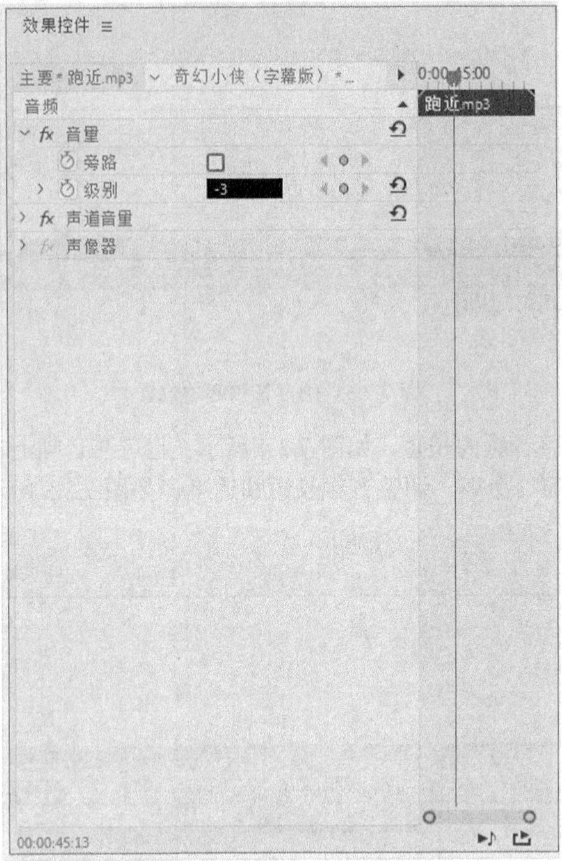

图 7.2.6　音频“效果控件”栏

6）如需要音效有个从无到有的过程，可在音频“效果控件”栏通过设定关键帧来控制，如图 7.2.7 所示。

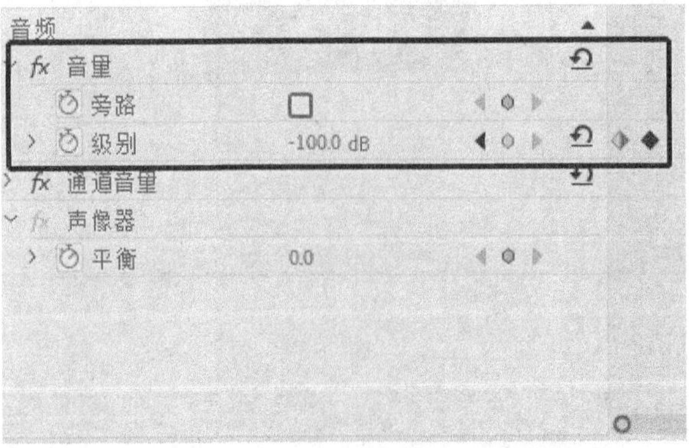

图 7.2.7　设定关键帧

任务小结

通过本任务的学习，归纳总结如下。

① 动画中音效的添加可以使整个动画片更生动，渲染动画中的气氛。

② 动画音效可以让观众更清晰地知道剧本的表达意愿。

课后练习

将图 7.2.8 所示的《神奇小侠》音频，根据人物的台词及相对应的气氛进行添加。要求如下。

① 音效要放在合适的位置，符合剧情的发展。

② 将完整的音效添加后导出动画。

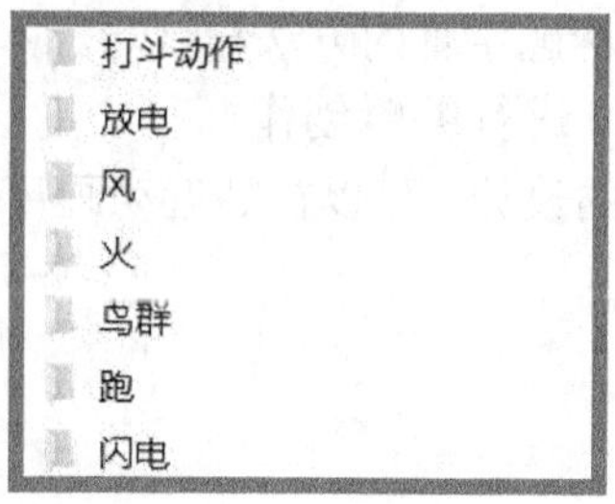

图 7.2.8　《神奇小侠》音频

任务 7.3　片头标题与字幕制作

任务介绍

一部完整的动画片，除了正常画面的运动和声音外，通常还会看到动画开头的标题及搭配的字幕。本任务通过制作动画片《神奇小侠》片头标题与动画字幕，使动画片更加完整。

相关知识

动画片片头标题的作用

动画片片头在一定程度上奠定了全片的感情基调，片头标题设计需要融入该动画片相关的艺术元素，才能更好地将观众带入情节中。例如，《不一样的闹剧》的片头标题如图 7.3.1 所示，圆润的字体、活泼的配色、小猪拿字的动作等设计，不仅展示了本片主角和标题内容，而且也展现了整个影片可爱、俏皮的风格，从而让观众产生好奇心并继续观看下去。

图 7.3.1 《不一样的闹剧》的片头标题

任务分析

实训目的：掌握制作动画片标题字幕的方法与技巧。

操作要求：结合 Premiere Pro 进行编辑创作。

技能点拨：将字幕加入自己的设计，可以在贴近动画片风格的同时，让动画的整体看起来更富有创意。

任务实施

1）在 Premiere Pro 中打开需要添加标题的视频文件，如图 7.3.2 所示。

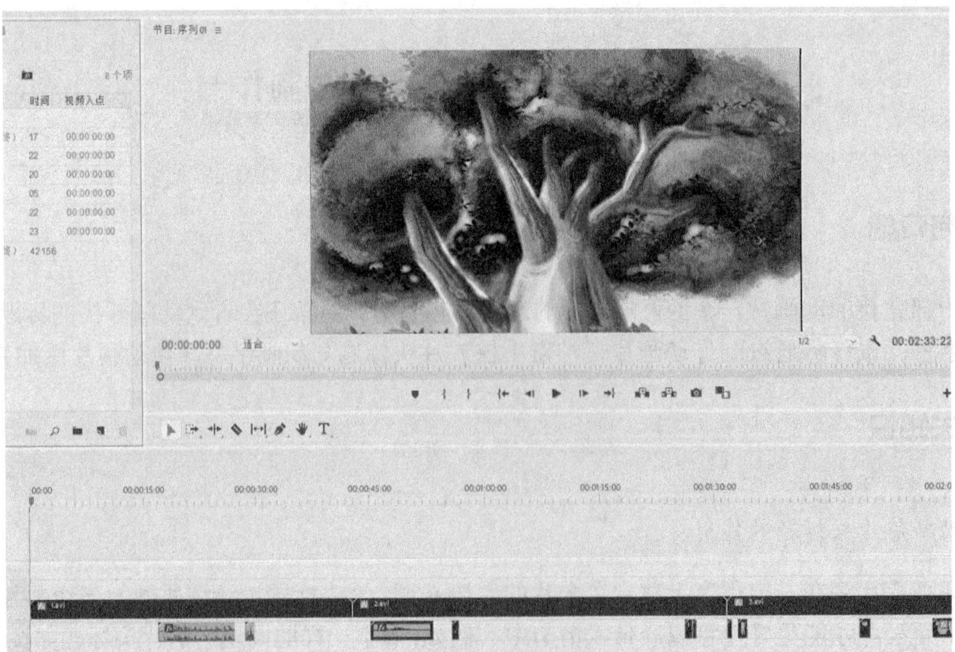

图 7.3.2 打开视频文件

2）如图 7.3.3 所示，选择“文件”→“新建”→“旧版标题”菜单命令，打开“新建字幕”对话框。

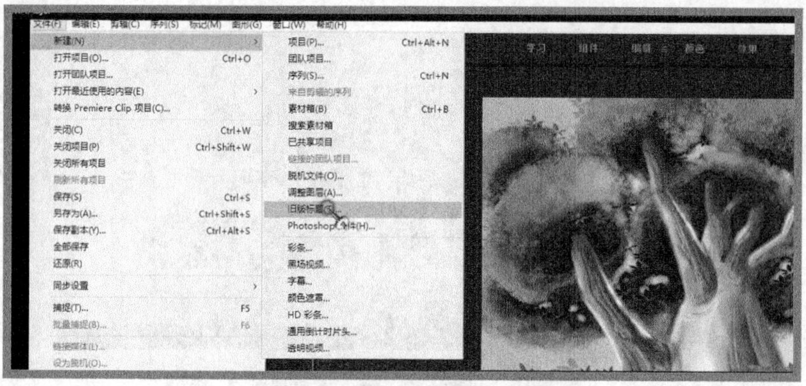

图 7.3.3　选择“旧版标题”命令

3）在“新建字幕”对话框中设置名称，如图 7.3.4 所示。

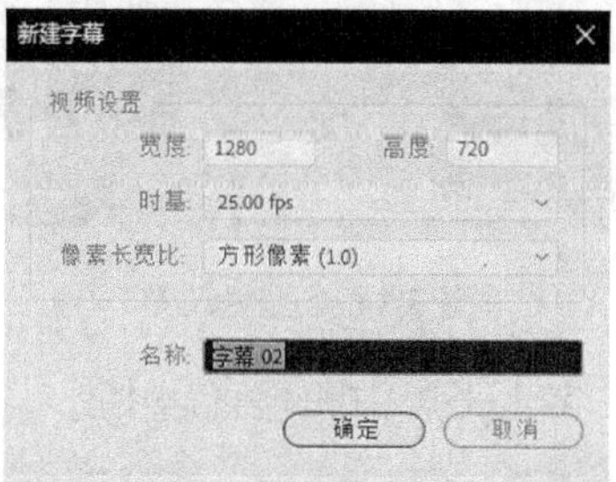

图 7.3.4　“新建字幕”对话框

4）选择文字工具，输入自己需要的文字，大小和位置可自由调整，如图 7.3.5 所示。

图 7.3.5　输入文字

5）如图 7.3.6 所示，将颜色调整为红色，让标题可以在绿色背景中显得更为突出。

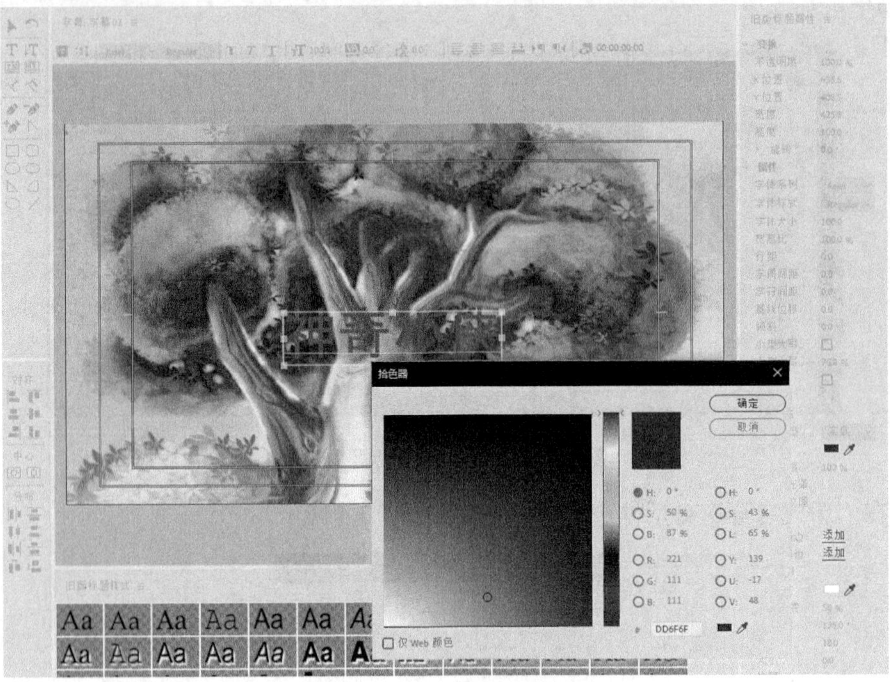

图 7.3.6　颜色调整

6）如图 7.3.7 所示，设置文字水平居中和垂直居中。

图 7.3.7　文字水平居中和垂直居中

7）为突显标题的存在感，可通过设置“描边”给字体添加描边，如图 7.3.8 所示。

图 7.3.8　设置描边

8）选择合适的字体，如图 7.3.9 所示。

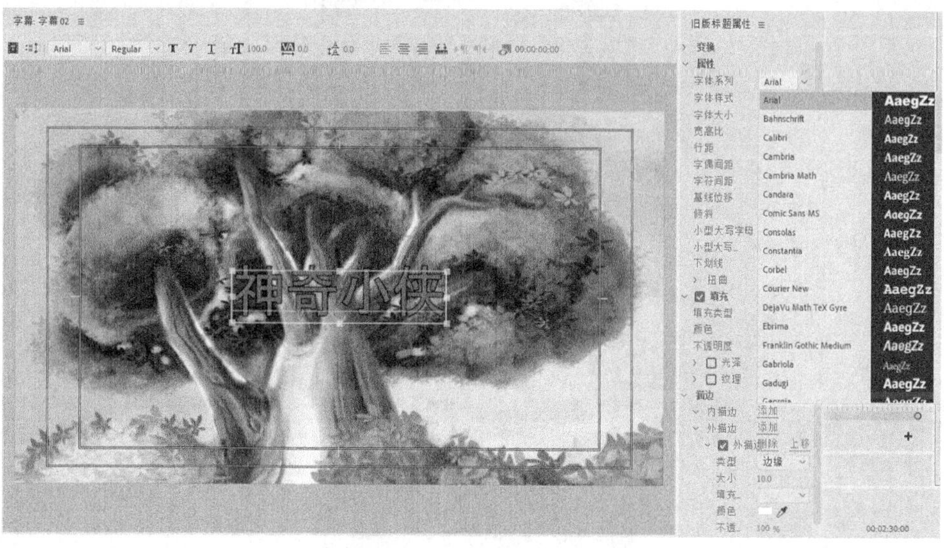

图 7.3.9　选择合适的字体

9）如图 7.3.10 所示，调好字体后关闭窗口，将片头拖入序列层。

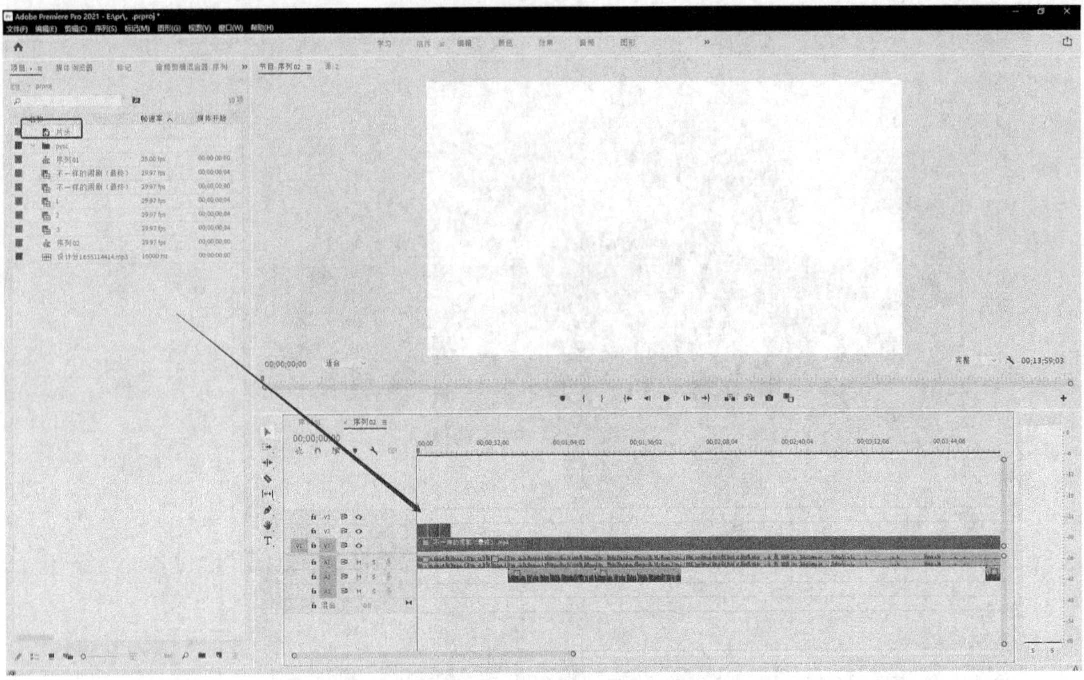

图 7.3.10　将片头拖入序列层

10）如图 7.3.11 所示，在“效果控件”中可对片头字体做简单的动画。

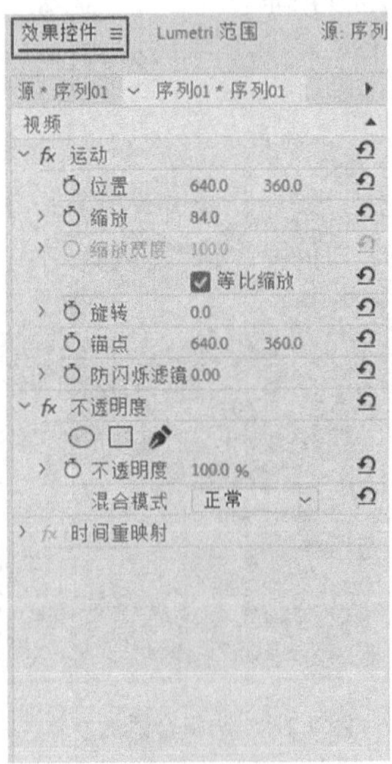

图 7.3.11　对片头字体做简单的动画

11）将片头放入视频前，如图 7.3.12 所示。

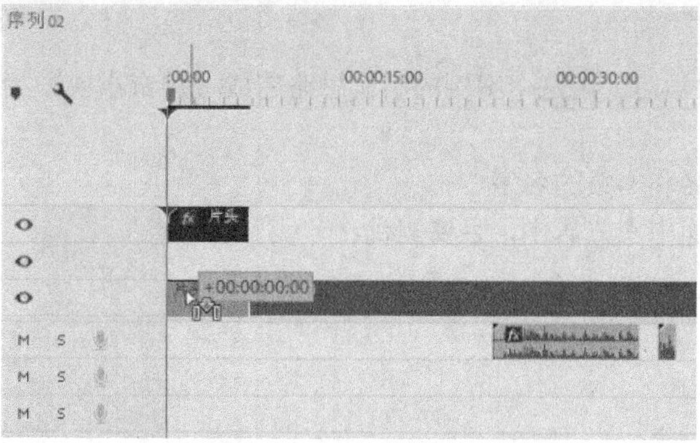

图 7.3.12　将片头放入视频前

12）单击“视频效果”→“溶解”→“黑场过渡”命令，给片头和视频添加过渡，重复播放直至调整到合适效果即可，如图 7.3.13 所示。

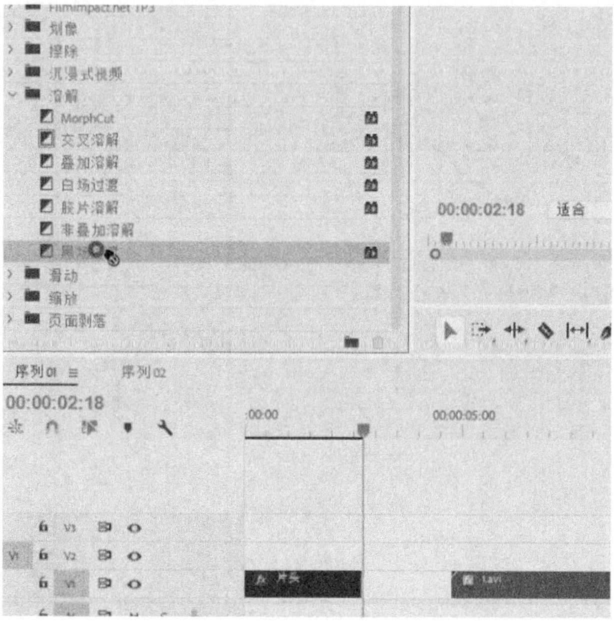

图 7.3.13　添加“黑场过渡”

任务小结

通过本任务的学习，归纳总结如下。

① 完整的动画片同时需要加入片头标题和字幕包装。

② 片头是一个动画片的开始，需要新颖的设计让观众印象深刻。

课后练习

通过这个案例的学习，用这个案例的制作思路完成《神奇小侠》片头标题及字幕制作。要求如下。

① 介绍动画片名和本集的名字。

② 字幕要在画面中上方居中，且要醒目。

参 考 文 献

于瑞玲，2020. Adobe Animate CC（Flash）动画设计与制作案例教程[M]. 北京：清华大学出版社.

乔瑟・克里斯提亚诺，2007. 分镜头脚本设计教程[M]. 赵嫣，梅叶挺，译. 北京：中国青年出版社.

汤姆・班克罗夫特，2014. 动画角色设计：造型 表情 姿势 动作 表演[M]. 王俐，何锐，译. 北京：清华大学出版社.